ゼロからはじめる

docomo

AQUOS
アクオス
センスセブン
sense 7

ドコモ AQUOS sense7 SH-53C　スマートガイド

技術評論社編集部 著

JN026702

技術評論社

CONTENTS

Chapter 1
AQUOS sense7 SH-53C のキホン

Section 01 AQUOS sense7 SH-53Cについて ································· 8

Section 02 電源のオン／オフとロックの解除 ······················ 10

Section 03 SH-53Cの基本操作を覚える ······························· 12

Section 04 ホーム画面の使い方 ··· 14

Section 05 情報を確認する ·· 16

Section 06 ステータスパネルを利用する ······························ 18

Section 07 アプリを利用する ·· 20

Section 08 ウィジェットを利用する ······································ 22

Section 09 文字を入力する ·· 24

Section 10 テキストをコピー&ペーストする ························ 30

Section 11 Googleアカウントを設定する ····························· 32

Section 12 ドコモのIDとパスワードを設定する ··················· 36

Chapter 2
電話機能を使う

Section 13 電話をかける／受ける ·· 44

Section 14 履歴を確認する ·· 46

Section 15 伝言メモを利用する ··· 48

Section 16 通話音声メモを利用する ······································· 50

Section 17 ドコモ電話帳を利用する ······································ 52

Section 18 着信拒否を設定する **58**

Section 19 通知音や着信音を変更する **60**

Section 20 操作音やマナーモードを設定する **62**

Chapter 3
インターネットとメールを利用する

Section 21 Webページを閲覧する **66**

Section 22 Webページを検索する **68**

Section 23 複数のWebページを同時に開く **70**

Section 24 ブックマークを利用する **72**

Section 25 SH-53Cで使えるメールの種類 **74**

Section 26 ドコモメールを設定する **76**

Section 27 ドコモメールを利用する **80**

Section 28 メールを自動振分けする **84**

Section 29 迷惑メールを防ぐ **86**

Section 30 ＋メッセージを利用する **88**

Section 31 Gmailを利用する **92**

Section 32 Yahoo!メール／PCメールを設定する **94**

CONTENTS

Chapter 4
Google のサービスを使いこなす

Section 33　Googleのサービスとは ··· **98**

Section 34　Googleアシスタントを利用する ······························ **100**

Section 35　Google Playでアプリを検索する ···························· **102**

Section 36　アプリをインストール・アンインストールする ··········· **104**

Section 37　有料アプリを購入する ·· **106**

Section 38　Googleマップを使いこなす ····································· **108**

Section 39　紛失したSH-53Cを探す ·· **112**

Section 40　YouTubeで世界中の動画を楽しむ ··························· **114**

Chapter 5
音楽や写真、動画を楽しむ

Section 41　パソコンからファイルを取り込む ···························· **118**

Section 42　本体内の音楽を聴く ··· **120**

Section 43　写真や動画を撮影する ·· **122**

Section 44　カメラの撮影機能を活用する ··································· **126**

Section 45　Googleフォトで写真や動画を閲覧する ····················· **132**

Section 46　Googleフォトを活用する ·· **137**

Chapter 6
ドコモのサービスを利用する

Section 47　dメニューを利用する ··· **140**

Section 48　my daizを利用する ··· **142**

Section 49 My docomoを利用する ··· **144**

Section 50 d払いを利用する ·· **148**

Section 51 マイマガジンでニュースをまとめて読む ·· **150**

Section 52 ドコモデータコピーを利用する ··· **152**

Chapter 7
SH-53C を使いこなす

Section 53 ホーム画面をカスタマイズする ··· **156**

Section 54 壁紙を変更する ·· **158**

Section 55 不要な通知を表示しないようにする ··· **160**

Section 56 画面ロックに暗証番号を設定する ·· **162**

Section 57 指紋認証で画面ロックを解除する ·· **164**

Section 58 顔認証で画面ロックを解除する ··· **166**

Section 59 スクリーンショットを撮る ··· **168**

Section 60 スリープモードになるまでの時間を変更する ···································· **170**

Section 61 リラックスビューを設定する ·· **171**

Section 62 電源キーの長押しで起動するアプリを変更する ································· **172**

Section 63 アプリのアクセス許可を変更する ·· **173**

Section 64 エモパーを活用する ··· **174**

Section 65 画面のダークモードをオフにする ·· **177**

Section 66 おサイフケータイを設定する ··· **178**

Section 67 バッテリーや通信量の消費を抑える ··· **180**

Section 68 Wi-Fiを設定する ·· **182**

Section 69　Wi-Fiテザリングを利用する ⋯⋯⋯⋯⋯⋯⋯⋯⋯⋯⋯⋯⋯⋯⋯⋯⋯ **184**

Section 70　Bluetooth機器を利用する ⋯⋯⋯⋯⋯⋯⋯⋯⋯⋯⋯⋯⋯⋯⋯⋯⋯ **186**

Section 71　SH-53Cをアップデートする ⋯⋯⋯⋯⋯⋯⋯⋯⋯⋯⋯⋯⋯⋯⋯⋯ **188**

Section 72　SH-53Cを初期化する ⋯⋯⋯⋯⋯⋯⋯⋯⋯⋯⋯⋯⋯⋯⋯⋯⋯⋯⋯ **189**

ご注意：ご購入・ご利用の前に必ずお読みください

●本書に記載した内容は、情報の提供のみを目的としています。したがって、本書を用いた運用は、必ずお客様自身の責任と判断によって行ってください。これらの情報の運用の結果について、技術評論社および著者、アプリの開発者はいかなる責任も負いません。

●ソフトウェアに関する記述は、特に断りのない限り、2023年1月現在での最新バージョンをもとにしています。ソフトウェアはバージョンアップされる場合があり、本書での説明とは機能内容や画面図などが異なってしまうこともあり得ます。あらかじめご了承ください。

●本書は以下の環境で動作を確認しています。ご利用時には、一部内容が異なることがあります。あらかじめご了承ください。
　端末 ： AQUOS sense7 SH-53C（Android 12）
　パソコンのOS ： Windows 11

●本書はSH-53Cの初期状態と同じく、ダークモードがオンの状態で解説しています（Sec.65参照）。

●インターネットの情報については、URLや画面などが変更されている可能性があります。ご注意ください。

以上の注意事項をご承諾いただいたうえで、本書をご利用願います。これらの注意事項をお読みいただかずに、お問い合わせいただいても、技術評論社は対処しかねます。あらかじめ、ご承知おきください。

■本書に掲載した会社名、プログラム名、システム名などは、米国およびその他の国における登録商標または商標です。本文中では、™、®マークは明記していません。

AQUOS sense7
SH-53Cのキホン

Section 01   AQUOS sense7 SH-53Cについて

Section 02   電源のオン／オフとロックの解除

Section 03   SH-53Cの基本操作を覚える

Section 04   ホーム画面の使い方

Section 05   情報を確認する

Section 06   ステータスパネルを利用する

Section 07   アプリを利用する

Section 08   ウィジェットを利用する

Section 09   文字を入力する

Section 10   テキストをコピー&ペーストする

Section 11   Googleアカウントを設定する

Section 12   ドコモのIDとパスワードを設定する

AQUOS sense7 SH-53Cについて

OS・Hardware

AQUOS sense7 SH-53Cは、ドコモから発売されたシャープ製の
スマートフォンです。Googleが提供するスマートフォン向けOS
「Android」を搭載しています。

SH-53Cの各部名称を覚える

正面

背面

❶	nanoSIMカード／ microSDカードトレイ	❿	送話口／マイク
❷	マイク	⓫	イヤホンマイク端子
❸	受話口	⓬	USB Type-C接続端子
❹	近接センサー／明るさセンサー	⓭	スピーカー
❺	インカメラ	⓮	モバイルライト
❻	音量UP ／ DOWNキー	⓯	広角カメラ
❼	電源キー	⓰	標準カメラ
❽	ディスプレイ／タッチパネル	⓱	♪マーク
❾	指紋センサー		

AQUOS sense7 SH-53Cは、5Gによる高速通信に対応したAndroid 12搭載のスマートフォンです。従来の携帯電話のように、通話やメール、インターネットなどを利用できるだけでなく、ドコモやGoogleが提供する各種サービスとの強力な連携機能を備えています。なお、本書では同端末をSH-53Cと型番で表記します。

●標準と広角の2つのカメラ

標準と広角の2つのカメラを搭載しています。AIオートによって被写体やシーンを自動的に判別し、色合いが自動補正されるので、誰でもかんたんにきれいな写真を撮ることができます。最大8倍のデジタル×光学ズームで写真を撮影できます。

●大容量バッテリー

4570mAhの大容量バッテリーを搭載しています。また、バッテリーの劣化や膨張を抑える「インテリジェントチャージ」に対応しています。

●4種類のカラー

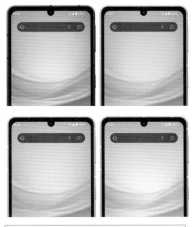

本体は持ちやすい、上質のアルミボディーを採用しています。本体カラーはライトカッパー、ブルー、ブラック、ラベンダー（オンラインショップ限定）の4種類から選択できます。

電源のオン／オフと
ロックの解除

電源の状態には、オン、オフ、スリープモードの3種類があります。
3つのモードは、すべて電源キーで切り替えが可能です。一定時間
操作しないと、自動でスリープモードに移行します。

OS・Hardware

ロックを解除する

(1) スリープモードで電源キーを押す
か、指紋センサーをタッチします。

押す

タッチする

(2) ロック画面が表示されるので、画
面を上方向にスライド（P.13参
照）します。

10:01
11/25 金曜日

スライドする

S USBデバッグが接続されました
USBデバッグを無効にするにはここを。

(3) ロックが解除され、ホーム画面が
表示されます。再度、電源キー
を押すと、スリープモードになりま
す。

MEMO スリープモードとは

スリープモードは画面の表示を消
す機能です。本体の電源は入っ
たままなので、すぐに操作を再開
できます。ただし、通信などを行っ
ているため、その分バッテリーを
消費してしまいます。電源を完全
に切り、バッテリーをほとんど消
費しなくなる電源オフの状態と使
い分けましょう。

電源を切る

① 音量UPキーと電源キーを同時に押します。

同時に押す

② 表示された画面の［電源を切る］をタッチすると、数秒後に電源が切れます。

タッチする

③ 電源をオンにするには、電源キーを3秒以上押します。

3秒以上押す

MEMO ロック画面からのカメラの起動

ロック画面からカメラを起動するには、ロック画面で◎を画面中央にスワイプします。

スワイプする

SH-53Cの基本操作を覚える

OS・Hardware

SH-53Cのディスプレイはタッチパネルです。指でディスプレイをタッチすることで、いろいろな操作が行えます。また、本体下部のナビゲーションバーにあるキーの使い方も覚えましょう。

1 ナビゲーションバーのキーの操作

ナビゲーションバー

戻るキー　　ホームキー　　履歴キー

MEMO ナビゲーションバーのキーとメニューキー

本体下部のナビゲーションバーには、3つのキーがあります。キーは、基本的にすべてのアプリで共通する操作が行えます。また、一部の画面ではナビゲーションバーの右側か画面右上にメニューキー🔢が表示されます。メニューキーをタッチすると、アプリごとに固有のメニューが表示されます。

メニューキー

≡ dmenu

キーワードを入力　　　検索

ナビゲーションバーのキーとそのおもな機能		
◀	戻るキー／閉じるキー	1つ前の画面に戻ります。
○	ホームキー	ホーム画面が表示されます。一番左のホーム画面以外を表示している場合は、一番左の画面に戻ります。ロングタッチでGoogleアシスタント（Sec.34参照）が起動します。
□	履歴キー／マルチウィンドウキー	最近使用したアプリが表示されます（P.21参照）。

タッチパネルの操作

タッチ

タッチパネルに軽く触れてすぐに指を離すことを「タッチ」といいます。

ロングタッチ

アイコンやメニューなどに長く触れた状態を保つことを「ロングタッチ」といいます。

ピンチアウト／ピンチイン

2本の指をタッチパネルに触れたまま指を開くことを「ピンチアウト」、閉じることを「ピンチイン」といいます。

スライド（スワイプ）

画面内に表示しきれない場合など、タッチパネルに軽く触れたまま特定の方向へなぞることを「スライド」または「スワイプ」といいます。

フリック

タッチパネル上を指ではらうように操作することを「フリック」といいます。

ドラッグ

アイコンやバーに触れたまま、特定の位置までなぞって指を離すことを「ドラッグ」といいます。

OS・Hardware

ホーム画面の使い方

タッチパネルの基本的な操作方法を理解したら、ホーム画面の見方や使い方を覚えましょう。本書ではホームアプリを「docomo LIVE UX」に設定した状態で解説を行っています。

ホーム画面の見方

ステータスバー
お知らせアイコンやステータスアイコンが表示されます（Sec.05参照）。

クイック検索ボックス
タッチすると、検索画面やトピックが表示されます。黒く表示されている場合は「ダークモード」（Sec.65参照）がオンになっています。

マチキャラ
知りたい情報を教えてくれます。表示はオフにもできます。

アプリ一覧ボタン
タッチすると、インストールしているすべてのアプリのアイコンが表示されます（Sec.07参照）。

アプリアイコンとフォルダ
タッチするとアプリが起動したり、フォルダの内容が表示されます。

ドック
タッチすると、アプリが起動します。なお、この場所に表示されているアイコンは、すべてのホーム画面に表示されます。

ホーム画面を左右に切り替える

(1) ホーム画面は左右に切り替えることができます。ホーム画面を左方向にフリックします。

フリックする

(2) ホーム画面が1つ右の画面に切り替わります。

(3) ホーム画面を右方向にフリックすると、もとの画面に戻ります。

フリックする

MEMO マイマガジンや my daizの表示

ホーム画面を上方向にフリックすると、「マイマガジン」(Sec.51参照)が表示されます。また、ホーム画面でマチキャラをタッチすると「my daiz」(Sec.48参照)が表示されます。

情報を確認する

OS・Hardware

画面上部に表示されるステータスバーから、さまざまな情報を確認することができます。ここでは、通知される表示の確認方法や、通知を削除する方法を紹介します。

ステータスバーの見方

10:52 ⑤ ⑧ ⑩ ① ・   ▼◢ ▣ 100%

お知らせアイコン

不在着信や新着メール、実行中の作業などを通知するアイコンです。

ステータスアイコン

電波状態やバッテリー残量など、主にSH-53Cの状態を表すアイコンです。

お知らせアイコン		ステータスアイコン	
M	新着Gmailあり	⌀	マナーモード（ミュート）設定中
☎	不在着信あり	▯▮	マナーモード（バイブレーション）設定中
⊙⊙	伝言メモあり	▼	Wi-Fiのレベル（5段階）
＋	新着＋メッセージあり	◢	電波のレベル（5段階）
⏰	アラーム情報あり	▯	バッテリー残量
⚠	何らかのエラーの表示	✳	Bluetooth接続中

📱 通知を確認する

(1) メールや電話の通知、SH-53C の状態を確認したいときは、ステータスバーを下方向にドラッグします。

(2) ステータスパネルが表示されます。各項目の中から不在着信やメッセージの通知をタッチすると、対応するアプリが起動します。ここでは [すべて消去] をタッチします。

(3) ステータスパネルが閉じ、お知らせアイコンの表示も消えます（消えないお知らせアイコンもあります）。なお、ステータスパネルを上方向にスライドすることでも、ステータスパネルが閉じます。

📝 MEMO ロック画面での 通知表示

スリープモード時に通知が届いた場合、ロック画面に通知内容が表示されます。ロック画面に通知を表示させたくない場合は、P.161のMEMOを参照してください。

17

ステータスパネルを利用する

OS・Hardware

ステータスパネルは、主な機能をかんたんに切り替えられるほか、状態もひと目でわかるようになっています。ステータスパネルが黒く表示されている場合は、ダークモード（Sec.65参照）がオンになっています。

ステータスパネルを展開する

① ステータスバーを下方向にドラッグすると、ステータスパネルと機能ボタンが表示されます。機能ボタンをタッチすると、機能のオン／オフを切り替えることができます。

タッチする

② 機能ボタンが表示された状態で、さらに下方向にドラッグすると、ステータスパネルが展開されます。

ドラッグする

③ ステータスパネルの画面を左方向にフリックすると、次のパネルに切り替わります。

フリックする

MEMO　そのほかの表示方法

ステータスバーを2本指で下方向にドラッグして、ステータスパネルを展開することもできます。ステータスパネルを非表示にするには、上方向にドラッグするか、をタッチします。

ステータスパネルの機能ボタン

タッチで機能ボタンのオン／オフを切り替えられるだけでなく、機能ボタンによっては、ロングタッチすると詳細な設定が表示されるものもあります。

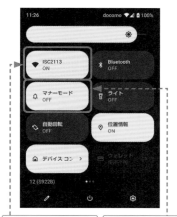

画面の明るさを調節できる。

ロングタッチすると詳細な設定が表示される。	オン／オフを切り替えられる。	このボタンをタッチすると、機能ボタンをドラッグして並べ替え・追加・削除などができる画面が表示表示される。

機能ボタン	オンにしたときの動作
Wi-Fi	Wi-Fi（無線LAN）をオンにし、アクセスポイントを表示します（Sec.68参照）。
Bluetooth	Bluetoothをオンにします（Sec.70参照）。
マナーモード	マナーモードを切り替えます（P.63参照）。
ライト	SH-53Cの背面のモバイルライトを点灯します。
自動回転	SH-53Cを横向きにすると、画面も横向きに表示されます。
機内モード	すべての通信をオフにします。
位置情報	位置情報をオンにします。
リラックスビュー	目の疲れない暗めの画面になります（Sec.61参照）。
テザリング	Wi-Fiテザリングをオンにします（Sec.69参照）。
長エネスイッチ	バッテリーの消費を抑えます（P.180参照）。
ニアバイシェア	付近のデバイスとのファイル共有について設定します。
画面のキャスト	対応ディスプレイやパソコンにWi-Fiで画面を表示します。
スクリーンレコード	表示中の画面を動画として録画できます。
アラーム	アラームを鳴らす時間を設定します。

OS・Hardware

アプリを利用する

アプリ画面には、さまざまなアプリのアイコンが表示されています。
それぞれのアイコンをタッチするとアプリが起動します。ここでは、
アプリの終了方法や切り替え方もあわせて覚えましょう。

アプリを起動する

1 ホーム画面のアプリ一覧ボタンを
タッチします。

タッチする

2 アプリ一覧画面が表示されるの
で、任意のアプリのアイコン(こ
こでは[設定])をタッチします。

タッチする

3 設定メニューが開きます。アプリ
の起動中に◀をタッチすると、1
つ前の画面(ここではアプリ一
覧画面)に戻ります。

タッチする

MEMO アプリのアクセス許可

アプリの初回起動時に、アクセ
ス許可を求める画面が表示され
ることがあります。その際は[許
可]をタッチして進みます。許
可しない場合、アプリが正しく機
能しないことがあります(対処
法はSec.63参照)。

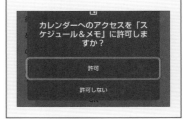

カレンダーへのアクセスを「ス
ケジュール＆メモ」に許可しま
すか?

許可

許可しない

アプリを終了する

(1) アプリの起動中やホーム画面で □をタッチします。

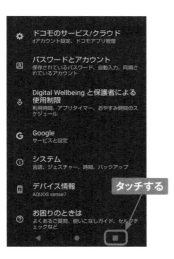
タッチする

(2) 最近使用したアプリが一覧表示されるので、終了したいアプリを上方向にフリックします。

フリックする

(3) フリックしたアプリが終了します。すべてのアプリを終了したい場合は、右方向にフリックし、[すべてクリア]をタッチします。

❶フリックする
すべてクリア
❷タッチする

MEMO アプリの切り替え

手順②の画面でアプリをタッチすると、そのアプリの画面に切り替わります。

タッチする

OS・Hardware

ウィジェットを利用する

SH-53Cのホーム画面にはウィジェットが表示されています。ウィジェットを使うことで、情報の確認やアプリへのアクセスをホーム画面上からかんたんに行うことができます。

1 ウィジェットとは

ウィジェットは、ホーム画面で動作する簡易的なアプリのことです。さまざまな情報を自動的に表示したり、タッチすることでアプリにアクセスしたりできます。SH-53Cに標準でインストールされているウィジェットは50種類以上あり、Google Play（Sec.35参照）でダウンロードするとさらに多くの種類のウィジェットを利用できます。また、ウィジェットを組み合わせることで、自分好みのホーム画面の作成が可能です。

タッチすると詳細を表示するウィジェットです。

アプリを起動したり、アプリの機能をオン／オフにするウィジェットです。

ウィジェットを設置すると、ホーム画面でアプリの操作や設定の変更、ニュースやWebサービスの更新情報のチェックなどができます。

ホーム画面にウィジェットを追加する

(1) ホーム画面の何もない箇所をロングタッチし、表示されたメニューの[ウィジェット]をタッチします。

❶ロングタッチする　❷タッチする

(3) ホーム画面に切り替わるので、ウィジェットを配置したい場所までドラッグします。

ドラッグする

(2) 「ウィジェット」画面でウィジェットのカテゴリの1つをタッチして展開し、ホーム画面に追加したいウィジェットをロングタッチします。

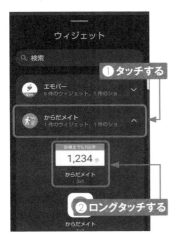

❶タッチする

❷ロングタッチする

(4) ホーム画面にウィジェットが追加されます。ウィジェットをロングタッチしてドラッグすると、ウィジェットの位置を移動できます。

文字を入力する

Application

SH-53Cでは、ソフトウェアキーボードで文字を入力します。「テンキーボード」(一般的な携帯電話の入力方法)や「QWERTYキーボード」などを切り替えて使用できます。

1 SH-53Cの文字入力方法

Gboard

タッチすると音声入力が有効になる

音声入力

音声入力が有効の状態

S-Shoin

MEMO 3種類の入力方法

SH-53Cは標準で「Gboard」と「音声入力」の2種類の入力方法を利用できます。AQUOSトリック(P.172参照)からインストールすることで、「S-Shoin」も利用できます。本書の解説では「Gboard」を使用しています。

🔲 キーボードを切り替える

(1) キー入力が可能な画面になると、Gboardのキーボードが表示されます。⚙をタッチします。

(2) [言語] をタッチします。

(3) [日本語] をタッチします。

(4) この画面で [QWERTY] をタッチします。

(5) 「QWERTY」にチェックが入ったことを確認し、[完了] をタッチします。

(6) 「QWERTY」が追加されたことを確認し、←をタッチします。

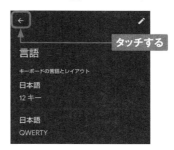

(7) キーボードに表示された⊕をタッチすると、12キーボードとQWERTYキーボードを切り替えできます。

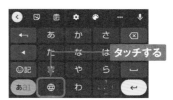

テンキーボードで文字を入力する

●トグル入力をする

(1) テンキーボードは、一般的な携帯電話と同じ要領で入力が可能です。たとえば、**あ**を5回→**か**を1回→**さ**を2回タッチすると、「おかし」と入力されます。

(2) 変換候補から選んでタッチすると、変換が確定します。手順①で**∨**をタッチして、変換候補の欄をスライドすると、さらにたくさんの候補を表示できます。

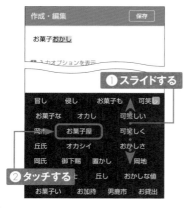

●フリック入力をする

(1) テンキーボードでは、キーを上下左右にフリックすることでも文字を入力できます。キーをタッチするとガイドが表示されるので、入力したい文字の方向へフリックします。

(2) フリックした方向の文字が入力されます。ここでは、**あ**を下方向にフリックしたので、「お」が入力されました。

QWERTYキーボードで文字を入力する

(1) QWERTYキーボードでは、パソコンのローマ字入力と同じ要領で入力が可能です。たとえば、sekaiとタッチすると、変換候補が表示されます。候補の中から変換したい単語をタッチすると、変換が確定します。

(2) 文字を入力し、[変換]をタッチしても文字が変換されます。

(3) 希望の変換候補にならない場合は、◀ ／ ▶をタッチして範囲を調節します。

(4) ←をタッチすると、ハイライト表示の文字部分の変換が確定します。

文字種を変更する

1 あa1をタッチするごとに、「ひらがな漢字」→「英字」→「数字」の順に文字種が切り替わります。あのときには、日本語を入力できます。

2 aのときには、半角英字を入力できます。あa1をタッチします。

3 1のときには、半角数字を入力できます。再度あa1をタッチすると、日本語入力に戻ります。

MEMO キーボードの設定

キーボードの画面で⚙→[設定]の順にタッチすると、片手モードのオン/オフ、キー操作音のオン/オフ、キー操作音の音量など、キーボード入力のさまざまな設定ができます。

絵文字や記号、顔文字を入力する

① 12キーで絵文字や記号、顔文字を入力したい場合は、😊記をタッチします。

② 「絵文字」の表示欄を上下にスライドし、目的の絵文字をタッチすると入力できます。☆をタッチします。

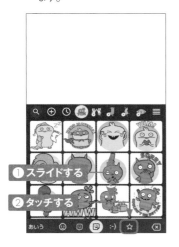

③ 「記号」を手順②と同様の方法で入力できます。:-)をタッチします。

④ 「顔文字」を入力できます。あいうをタッチします。

⑤ 通常の文字入力画面に戻ります。

Section **10**

テキストを
コピー&ペーストする

SH-53Cは、パソコンと同じように自由にテキストをコピー&ペーストできます。コピーしたテキストは、別のアプリにペースト（貼り付け）して利用することもできます。

Application

テキストをコピーする

(1) コピーしたいテキストを2回タッチします。

(2) テキストが選択されます。●と●を左右にドラッグして、コピーする範囲を調整します。

(3) ［コピー］をタッチします。

(4) 選択したテキストがコピーされました。

✏️ テキストをペーストする

1 入力欄で、テキストをペースト（貼り付け）したい位置をロングタッチします。

3 コピーしたテキストがペーストされます。

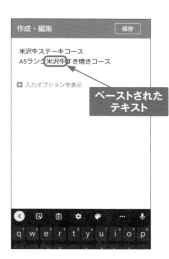

2 [貼り付け] をタッチします。

MEMO 履歴からコピーする

手順①の画面で🗐→ [クリップボードをオンにする] の順でタッチすると、コピーしたテキストが履歴として保管されます。手順②で [貼り付け] をタッチすると、履歴から選んでペーストできるようになります。

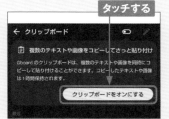

Googleアカウントを設定する

Application

SH-53CにGoogleアカウントを設定すると、Googleが提供する
サービスが利用できます。ここではGoogleアカウントを作成して設
定します。作成済みのGoogleアカウントを設定することもできます。

Googleアカウントを設定する

1 P.20手順①〜②を参考に、アプリ一覧画面で[設定]をタッチします。

タッチする

2 設定メニューが開くので、画面を上方向にスライドして、[パスワードとアカウント]をタッチします。

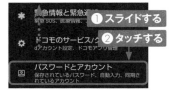

① スライドする
② タッチする

緊急情報と緊急通報
緊急 SOS、医療情報、...

ドコモのサービス/ク...
dアカウント設定、ドコモアプリ管理

パスワードとアカウント
保存されているパスワード、自動入力、同期されているアカウント

3 [アカウントを追加]をタッチします。

タッチする

docomo
docomo

+ アカウントを追加

アプリデータを自動的に同期する
アプリにデータの自動更新を許可します

4 「アカウントの追加」画面が表示されるので、[Google]をタッチします。

アカウントの追加

docomo	
Exchange	
Google	タッチする
Meet	
個人用（IMAP）	
個人用（POP3）	

MEMO Googleアカウントとは

Googleアカウントを作成すると、Googleが提供する各種サービスへログインすることができます。アカウントの作成に必要なのは、メールアドレスとパスワードの登録だけです。SH-53CにGoogleアカウントを設定しておけば、Gmailなどのサービスがかんたんに利用できます。

5 [アカウントを作成]→[自分用]の順にタッチします。すでに作成したアカウントを使うには、アカウントのメールアドレスまたは電話番号を入力します（右下のMEMO参照）。

6 上の欄に「姓」、下の欄に「名」を入力し、[次へ]をタッチします。

7 生年月日と性別をタッチして設定し、[次へ]をタッチします。

8 [自分でGmailアドレスを作成]をタッチして、希望するメールアドレスを入力し、[次へ]をタッチします。

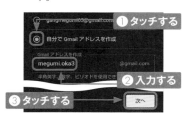

9 パスワードを入力し、[次へ]をタッチします。

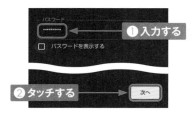

MEMO 既存のアカウントの利用

作成済みのGoogleアカウントがある場合は、手順⑤の画面でメールアドレスまたは電話番号を入力して、[次へ]をタッチします。次の画面でパスワードを入力すると、「ようこそ」画面が表示されるので、[同意する]をタッチし、P.35手順⑭以降の解説に従って設定します。

10 パスワードを忘れた場合のアカウント復旧に使用するために、電話番号を登録します。画面を上方向にスライドします。

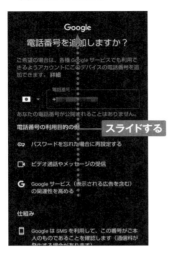

11 ここでは [はい、追加します] をタッチします。電話番号を登録しない場合は、[その他の設定] → [いいえ、電話番号を追加しません] → [完了] の順にタッチします。

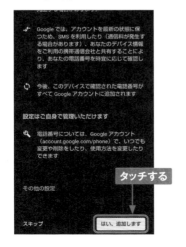

12 「アカウント情報の確認」画面が表示されたら、[次へ] をタッチします。

13 プライバシーポリシーと利用規約の内容を確認して、[同意する] をタッチします。

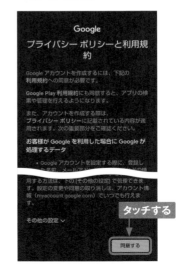

(14) 画面を上方向にスライドし、利用したいGoogleサービスがオンになっていることを確認して、[同意する]をタッチします。

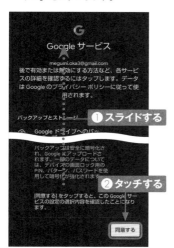

(15) P.32手順③の「パスワードとアカウント」画面に戻ります。作成したGoogleアカウントをタッチします。

(16) [アカウントの同期]をタッチします。

(17) 同期可能なサービスが表示されます。サービス名をタッチすると、同期のオン／オフを切り替えることができます。

ドコモのIDとパスワードを設定する

Application

My docomo

SH-53Cにdアカウントを設定すると、NTTドコモが提供するさまざまなサービスをインターネット経由で利用できるようになります。また、あわせてspモードパスワードの変更も済ませておきましょう。

dアカウントとは

「dアカウント」とは、NTTドコモが提供しているさまざまなサービスを利用するためのIDです。dアカウントを作成し、SH-53C に設定することで、Wi-Fi経由で「dマーケット」などのドコモの各種サービスを利用できるようになります。

なお、ドコモのサービスを利用しようとすると、いくつかのパスワードを求められる場合があります。このうちspモードパスワードは「お客様サポート」（My docomo）で確認・再発行できますが、「ネットワーク暗証番号」はインターネット上で確認・再発行できません。契約書類を紛失しないように注意しましょう。さらに、spモードパスワードを初期値（0000）のまま使っていると、変更をうながす画面が表示されることがあります。その場合は、画面の指示に従ってパスワードを変更しましょう。

なお、ドコモショップなどですでに設定を行っている場合、ここでの設定は必要ありません。

ドコモのサービスで利用するID ／パスワード	
ネットワーク暗証番号	お客様サポート（My docomo）や、各種電話サービスを利用する際に必要です（Sec.49参照）。
dアカウント／パスワード	Wi-Fi接続時やパソコンのWebブラウザ経由で、ドコモのサービスを利用する際に必要です。
spモードパスワード	ドコモメールの設定、spモードサイトの登録／解除の際に必要です。初期値は「0000」ですが、変更が必要です（P.41参照）。

MEMO dアカウントとパスワードは Wi-Fi経由でドコモのサービスを使うときに必要

5Gや4G（LTE）回線を利用しているときは不要ですが、Wi-Fi経由でドコモのサービスを利用する際は、dアカウントとパスワードを入力する必要があります。

dアカウントを設定する

1 設定メニューを開いて、[ドコモの
サービス/クラウド]をタッチします。

2 [dアカウント設定] をタッチします。

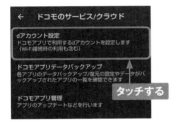

3 [ご利用にあたって] 画面が表示
された場合は、内容を確認して、
[同意する] をタッチします。

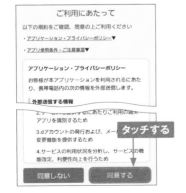

4 「dアカウント設定」画面が表示
されるので、[次]をタッチして進
みます。[ご利用中のdアカウント
を設定]をタッチします。

5 「～モバイルデータ通信で接続を
行いますか?」と表示された場合は、
[はい] をタッチします。

(6) 電話番号に登録されているdアカウントのIDが表示されます。ネットワーク暗証番号（P.36参照）を入力して、［設定する］をタッチします。

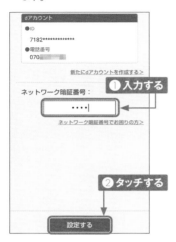

(8)「アプリ一括インストール」画面が表示されたら、［今すぐ実行］をタッチして、［進む］をタッチします。

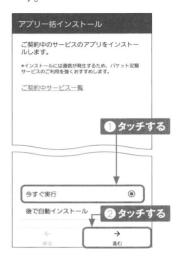

(7) dアカウントの設定が完了します。指紋ロックの設定は、ここでは［設定しない］をタッチして、［OK］をタッチします。

(9) dアカウントの設定状態が表示されます。

📲 dアカウントのIDを変更する

1 P.37手順①〜②を参考にして、「dアカウント」画面を表示します。[ID操作] をタッチします。

2 [IDの変更] をタッチします。

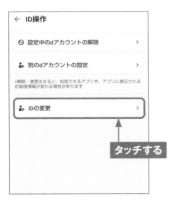

3 新しいdアカウントのIDを入力するか、[以下のメールアドレスをIDにする] を選択して、[設定する] をタッチします。

4 dアカウントのパスワードを入力して、[OK] をタッチします。

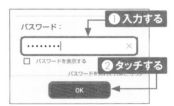

5 dアカウントのIDの変更が完了します。[OK] をタッチすると、手順①の画面に戻ります。

dアカウントのパスワードを変更する

(1) P.37手順①〜②の操作を行って、「dアカウント」画面を表示します。[パスワード] をタッチします。

(2) [パスワードの変更] をタッチします。

(3) 現在のパスワードと新しいパスワードを入力して、[設定する] をタッチします。

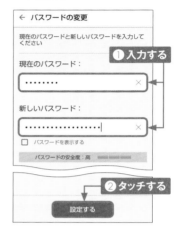

(4) dアカウントのパスワードの変更が完了します。[OK]をタッチすると、手順①の画面に戻ります。

spモードパスワードを変更する

1 ホーム画面で [dメニュー] をタッチします。

2 Chromeが起動し、dメニューの画面が表示されます。[My docomo] をタッチします。

3 My docomoの画面で [お手続き] をタッチし、[iモード・spモードパスワードリセット] をタッチします。

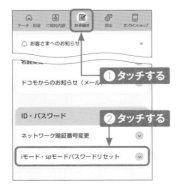

4 [spモードパスワード] をタッチします。

5 「spモードパスワード」画面で [変更したい場合] をタッチします。

6 「変更したい場合」の [spモードパスワード変更] をタッチします。

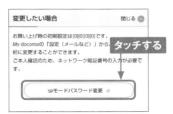

⑦ 「dアカウントのID」欄にdアカウントのIDを入力し、[次へ]をタッチします。

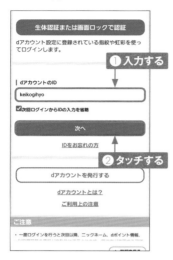

⑧ 「パスワード」にdアカウントのパスワードを入力します。SMS（Sec.30参照）で届いたセキュリティコードを入力し、[ログイン]をタッチします。

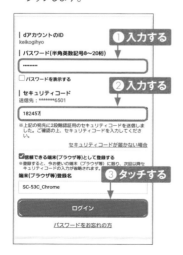

⑨ ネットワーク暗証番号（P.36参照）を入力し、[認証する]をタッチします。

⑩ 現在のspモードパスワードを入力し、新しいspモードパスワードを2箇所に入力します。[設定を確定する]をタッチすると、設定が完了します。

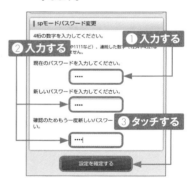

MEMO SPモードパスワードをリセットする

spモードパスワードがわからなくなったときは、手順④の画面で[お手続きする]をタッチし、説明に従って暗証番号などを入力して手続きを行うと、初期値の「0000」にリセットできます。

電話機能を使う

Section 13   電話をかける／受ける

Section 14   履歴を確認する

Section 15   伝言メモを利用する

Section 16   通話音声メモを利用する

Section 17   ドコモ電話帳を利用する

Section 18   着信拒否を設定する

Section 19   通知音や着信音を変更する

Section 20   操作音やマナーモードを設定する

Section **13**

電話をかける／受ける

Application

電話操作は発信も着信も非常にシンプルです。発信時はホーム
画面のアイコンからかんたんに電話を発信でき、着信時はスワイプ
またはタッチ操作で通話を開始できます。

電話をかける

(1) ホーム画面で📞をタッチします。

タッチする

(2) 「電話」アプリが起動します。▦
をタッチします。

ワンタップで連絡先に電話
をかけられます
連絡先をお気に入りに追加　タッチする
★ お気に入り　🕐 履歴　😃 連絡先

(3) 相手の電話番号をタッチして入力
し、[音声通話] をタッチすると、
電話が発信されます。

090-4444-5555
① タッチする　② タッチする

(4) 相手が応答すると通話が始まりま
す。📞をタッチすると、通話が終
了します。

発信中...
090-4444-5555
日本
タッチする

📱 電話を受ける

① スリープ中に電話の着信があると、着信画面が表示されます。📞を上方向にスワイプします。また、画面上部に通知で表示された場合は、[応答する] をタッチします。

② 相手との通話が始まります。通話中にアイコンをタッチすると、ダイヤルキーなどの機能を利用できます。

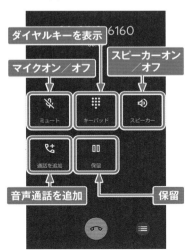

③ 通話中に📞をタッチすると、通話が終了します。

MEMO 本体の使用中に電話を受ける

本体の使用中に電話の着信があると、画面上部に着信画面が表示されます。[応答する] をタッチすると、手順②の画面が表示されて通話ができます。

2

履歴を確認する

Application

電話の発信や着信の履歴は、発着信履歴画面で確認します。また、電話をかけ直したいときに通話履歴から発信したり、電話した理由をメッセージ（SMS）で送信したりすることもできます。

発信や着信の履歴を確認する

(1) ホーム画面で📞をタッチして「電話」アプリを起動し、［履歴］をタッチします。

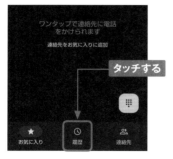

(2) 発着信の履歴を確認できます。履歴をタッチして、［履歴を開く］をタッチします。

(3) 通話の詳細を確認することができます。

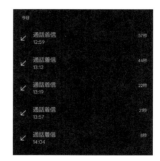

MEMO 履歴の削除

手順③の画面で右上の⋮→［履歴を削除］をタッチすると、履歴を削除できます。

履歴から発信する

① P.46手順①を参考に発着信履歴画面を表示します。発信したい履歴の📞をタッチします。

② 電話が発信されます。

クイック返信でメッセージ（SMS）を送信する

電話がかかってきても受けたくない場合、電話を受けずにメッセージ（SMS）を送信することができます。受信画面で下部の［返信］をタッチするといくつかメッセージが表示されるので、タッチすると送信できます。なお、手順①の画面で右上の■→［設定］→［クイック返信］をタッチすると、送信するメッセージを編集できます。

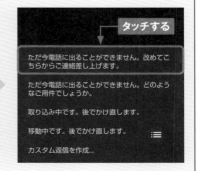

47

Section **15**

伝言メモを利用する

Application

SH-53Cでは、電話を取れないときに本体に伝言を記録する伝言メモ機能を利用できます。有料サービスである留守番電話サービスとは異なり、無料で利用できるのでぜひ使ってみましょう。

伝言メモを設定する

① P.44手順①を参考に「電話」アプリを起動して、右上の ■ → [設定] の順でタッチします。

② 「設定」画面で [通話アカウント] → [通話音声・伝言メモ] → 右下の [設定] → [伝言メモ設定] → [ON] の順にタッチします。

③ 手順②で表示される「通話音声・伝言メモ」画面で [応答時間設定] をタッチします。

④ 応答時間をドラッグして変更し、[設定] をタッチします。留守番電話サービスの呼び出し時間より短く設定する必要があります。

📱 伝言メモを再生する

① 不在着信や伝言メモがあると、ステータスバーに 🔵🔵 が表示されます。ステータスバーを下方向にドラッグします。

② ステータスパネルが表示されるので、伝言メモの通知をタッチします。

③ 伝言メモリストから聞きたい伝言メモをタッチすると、伝言メモが再生されます。

④ 再生中の伝言メモを削除するには、右上の ▤ → [選択削除] の順でタッチします。

🎵 MEMO そのほかの 伝言メモ再生方法

ステータスバーの通知を削除してしまった場合は、「電話」アプリの画面で右上の ▤ → [設定] → [通話カウント] → [通話音声・伝言メモ] の順でタッチすると、手順③の画面が表示されます。「通話音声メモリスト」が表示された場合は [伝言メモ] をタッチします。

通話音声メモを
利用する

Application

SH-53Cの「通話音声メモ」を利用すると、「電話」アプリで通話中の会話を録音できます。重要な要件で電話をする際など、保存した会話をあとで再生して確認できるので便利です。

📶 通話中の会話を録音する

(1) 「電話」アプリで通話中、右下の🔘をタッチします。

03-3513-6160
00:06

タッチする

(2) 表示された [通話音声メモ] をタッチします。

03-3513-6160
00:26

タッチする

🎙 通話音声メモ

(3) 「録音中」画面が表示されて、通話の録音が開始されます。録音を終了するには [停止] をタッチします。

録音中 00:08 / 60:00

タッチする

停止

📞+ 通話を追加　　　⏸ 保留

(4) 通常の「電話」アプリの画面に戻ります。

03-3513-6160
01:08

録音した通話を再生する

(1) 「電話」アプリの画面で右上の■ → [設定] の順でタッチします。

(2) 「電話」アプリの「設定」画面が表示されるので、[通話アカウント] をタッチします。

(3) 「通話アカウント」画面で [通話音声・伝言メモ] をタッチします。

(4) 「通話音声メモ」をタッチし、通話音声メモリストの中から目的の通話音声メモをタッチします。● をタッチすると、通話音声が再生されます。

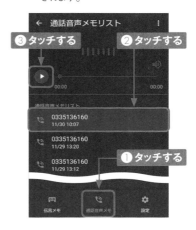

(5) ⏸をタッチすると、通話音声の再生が停止します。

2

Application

ドコモ電話帳を利用する

電話番号やメールアドレスなどの連絡先は、「ドコモ電話帳」で管理することができます。クラウド機能を有効にすることで、電話帳データが専用のサーバーに自動で保存されるようになります。

クラウド機能を有効にする

① ホーム画面でアプリ一覧ボタンをタッチします。

② アプリ一覧画面で、[ドコモ電話帳] をタッチします。

③ 初回起動時は「クラウド機能の利用について」画面が表示されます。[注意事項]をタッチします。

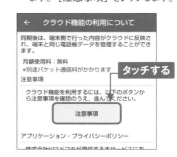

④ 内容を確認し、◀をタッチして戻ります。

(5) 手順④と同様にプライバシーポリシーについて確認したら、[利用する]をタッチします。

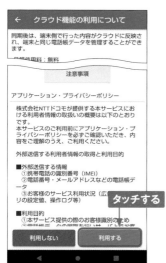

(6) ドコモ電話帳の画面が表示されます。機種変更などでクラウドサーバーに保存していた連絡先がある場合は、自動的に同期されます。

ドコモ電話帳の クラウド機能とは

ドコモ電話帳のクラウド機能では、電話帳データを専用のクラウドサーバー（インターネット上の保管庫）に自動保存しています。そのため、機種変更をしたときも、クラウドを利用して簡単に電話帳のデータを移行できます。

また、パソコンから電話帳データを閲覧／編集できる機能も用意されています。

クラウドのデータを手動で同期する場合は、P.57手順③の画面で、[クラウドメニュー]→[クラウドとの同期実行]→[OK]の順にタッチします。

← クラウドメニュー
クラウドとの同期実行
クラウドの状態確認
同期の停止

ドコモ電話帳に新規連絡先を登録する

1 P.52手順①~②を参考にドコモ電話帳を開き、➕をタッチします。

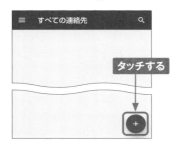

2 連絡先を保存するアカウントを選択します。ここでは [docomo] を選択します。

3 入力欄をタッチしてソフトウェアキーボードを表示し、「姓」と「名」の入力欄へ連絡先の情報を入力して→|をタッチします。

4 姓名のふりがな、電話番号、メールアドレスなどを入力します。完了したら [保存] をタッチします。

5 連絡先の情報が保存されます。◀をタッチして、手順①の画面に戻ります。

ドコモ電話帳に通話履歴から登録する

(1) P.46を参考に「履歴」画面を表示します。連絡先に登録したい電話番号をタッチします。

(2) [連絡先に追加] をタッチします。

(3) [新しい連絡先を作成] をタッチします。

(4) P.54手順③〜④を参考に連絡先の情報を登録します。

(5) ドコモ電話帳のほか、通話履歴、連絡先にも登録した名前が表示されるようになります。

55

ドコモ電話帳のそのほかの機能

●連絡先を編集する

(1) P.52手順①〜②を参考に「ドコモ電話帳」画面を表示し、編集したい連絡先をタッチします。

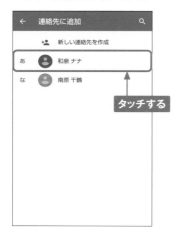

(2) 連絡先の「プロフィール」画面が表示されるので✐をタッチし、P.54手順③〜④を参考に連絡先を編集します。

●電話帳から電話をかける

(1) 左記手順①〜②を参考に「プロフィール」画面を表示し、番号をタッチします。

(2) 電話が発信されます。

自分の情報を確認する

① P.52手順①〜②を参考に「ドコモ電話帳」画面を表示し、≡をタッチします。

② 表示されたメニューの［設定］をタッチします。

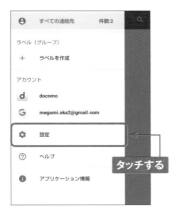

③ ［ユーザー情報］をタッチします。

④ 自分の情報が表示されて、電話番号などを確認できます。編集する場合は✎をタッチします。

⑤ この画面が表示された場合は［docomoのプロファイル］をタッチします。

⑥ P.54手順③〜④を参考に情報を入力し、［保存］をタッチします。

2

Application

着信拒否を設定する

迷惑電話ストップサービス（無料）を利用すると、リストに登録した電話番号からの着信を拒否することができます。迷惑電話やいたずら電話がくり返しかかってきたときは、着信拒否を設定しましょう。

🔲 着信拒否リストに登録する

① 「電話」アプリの画面で右上の┇ → [設定] の順でタッチします。

② 「設定」画面で [通話アカウント] をタッチします。

③ 「通話アカウント」画面でSIMを選択します。ここでは [docomo] をタッチします。

④ [ネットワークサービス・海外設定・オフィスリンク] をタッチします。

⑤ 「サービス設定」画面で[ネットワークサービス]をタッチします。

⑥ 「ネットワークサービス」画面で[迷惑電話ストップサービス]をタッチします。

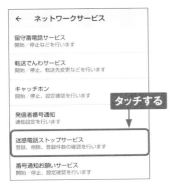

⑦ [番号指定拒否登録]をタッチします。

⑧ 着信を拒否したい電話番号を入力し、[OK]をタッチします。

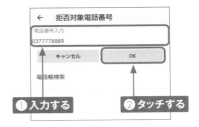

⑨ 確認のメッセージが表示されたら、[OK]をタッチします。次の画面でも[OK]をタッチします。

2

MEMO 迷惑電話ストップサービスを活用する

手順⑦の画面で[着信番号拒否登録]→[OK]の順にタッチすると、最後に着信した相手の電話番号を着信拒否リストに登録できます。間違えて登録したときは、手順⑦の画面で[最終登録番号削除]→[OK]の順にタッチすると、最後に登録した電話番号だけ解除できます。

Section **19**

通知音や着信音を変更する

Application

メールの通知音と電話の着信音は、設定メニューから変更できます。また、電話の着信音は、着信した相手ごとに個別に設定することもできます。

メールの通知音を変更する

1 P.20を参考に設定メニューを開いて、[音]をタッチします。

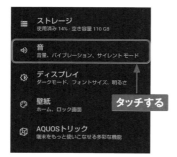

2 「音」画面が表示されるので、[デフォルトの通知音]をタッチします。

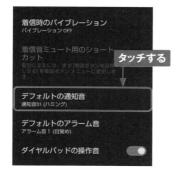

3 通知音のリストが表示されます。好みの通知音をタッチし、[OK]をタッチすると変更完了です。

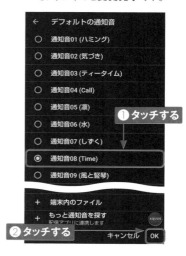

MEMO 音楽を通知音や着信音に設定する

手順③の画面で[端末内のファイル]をタッチすると、SH-53Cに保存されている音楽を通知音や着信音に設定できます。

60

電話の着信音を変更する

(1) P.20を参考に設定メニューを開いて、[音]をタッチします。

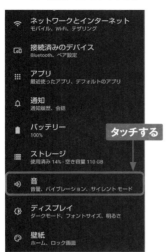

- ネットワークとインターネット
  モバイル、Wi-Fi、テザリング
- 接続済みのデバイス
  Bluetooth、ペア設定
- アプリ
  最近使ったアプリ、デフォルトのアプリ
- 通知
  通知履歴、会話
- バッテリー
  100%
- ストレージ
  使用済み 14% - 空き容量 110 GB
- **音** ← **タッチする**
  音量、バイブレーション、サイレント モード
- ディスプレイ
  ダークモード、フォントサイズ、明るさ
- 壁紙
  ホーム、ロック画面

(2) 「音」画面が表示されるので、[着信音] をタッチします。

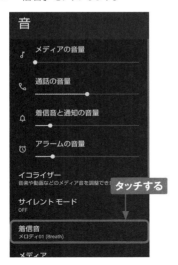

音

- メディアの音量
- 通話の音量
- 着信音と通知の音量
- アラームの音量
- イコライザー
  音楽や動画などのメディア音を調整でき ← **タッチする**
- サイレント モード
  OFF
- 着信音
  メロディ01 (Breath)
- メディア

(3) 着信音のリストが表示されるので、好みの着信音を選んでタッチし、[OK] をタッチすると、着信音が変更されます。

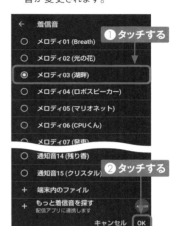

← 着信音

○ メロディ01 (Breath) **①タッチする**
○ メロディ02 (光の花)
◉ メロディ03 (湖畔)
○ メロディ04 (ロボスピーカー)
○ メロディ05 (マリオネット)
○ メロディ06 (CPUくん)
○ メロディ07 (発車)
○ 通知音14 (残り香)
○ 通知音15 (クリスタル) **②タッチする**
+ 端末内のファイル
+ もっと着信音を探す
  配信アプリに連携します
  キャンセル | OK

MEMO 着信音の個別設定

着信相手ごとに、着信音を変えることができます。P.56を参考に連絡先の「プロフィール」画面を表示して、画面右上の**≡**→[着信音を設定]の順にタッチします。ここで好きな着信音をタッチして、[OK] をタッチすると、その連絡先からの着信音を設定できます。

タッチする
削除
共有
ショートカットを作成
着信音を設定

操作音やマナーモードを設定する

Application

音量は設定メニューから変更できます。また、マナーモードはバイブレーションがオン／オフの2つのモードがあります。なお、マナーモード中でも、動画や音楽などの音声は消音されません。

音楽やアラームなどの音量を調節する

(1) P.20を参考に設定メニューを開いて、[音]をタッチします。

- バッテリー
  95% - 低速充電中
- ストレージ
  使用済み 16% - 空き容量 108 GB

タッチする

- 音
  音量、バイブレーション、サイレントモード
- ディスプレイ
  ダークモード、フォントサイズ、明るさ
- 壁紙
  ホーム、ロック画面

(2) 「音」画面が表示されます。「メディアの音量」の○を左右にドラッグして、音楽や動画の音量を調節します。

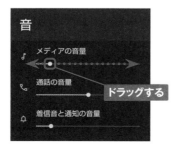

音

♪ メディアの音量

ドラッグする

通話の音量

着信音と通知の音量

(3) 手順②と同じ方法で、「着信音と通知の音量」「アラームの音量」も調節できます。

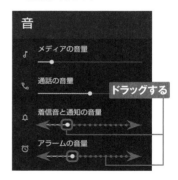

音

♪ メディアの音量

通話の音量

ドラッグする

着信音と通知の音量

アラームの音量

(4) 画面左上の←をタッチして、設定を完了します。

←

タッチする

音

♪ メディアの音量

通話の音量

着信音と通知の音量

マナーモードを設定する

1 本体の右側面にある音量UP／DOWNキーを押します。

押す

2 ポップアップが表示されるので、[マナー OFF] をタッチします。

タッチする

3 メニューが表示されます。ここでは[ミュート]をタッチします。

タッチする

4 マナーモードがオンになり、着信音や操作音は鳴らず、着信時などにバイブレータも動作しなくなります（アラームや動画、音楽は鳴ります）。

バイブレーションのみのマナーモードになる

2

操作音のオン/オフを設定する

(1) P.20を参考に設定メニューを開いて、[音]をタッチします。

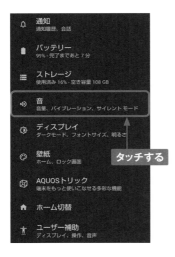

(2) 「音」画面を上方向へフリックします。

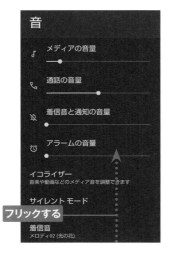

(3) 設定を変更したい操作音（ここでは[ダイヤルパッドの操作音]）をタッチします。

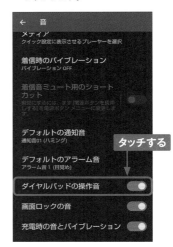

(4) が になり、操作音がオフになります。同様にして、画面ロック音やタッチ操作音のオン/オフが行えます。

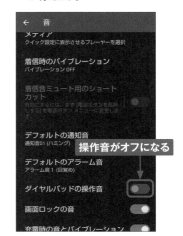

インターネットと
メールを利用する

Section 21   Webページを閲覧する

Section 22   Webページを検索する

Section 23   複数のWebページを同時に開く

Section 24   ブックマークを利用する

Section 25   SH-53Cで使えるメールの種類

Section 26   ドコモメールを設定する

Section 27   ドコモメールを利用する

Section 28   メールを自動振分けする

Section 29   迷惑メールを防ぐ

Section 30   ＋メッセージを利用する

Section 31   Gmailを利用する

Section 32   Yahoo!メール／PCメールを設定する

Application

Webページを閲覧する

SH-53Cでは、「Chrome」アプリでWebページを閲覧することが
できます。Googleアカウントでログインすることで、パソコン用の
「Google Chrome」とブックマークや履歴の共有が行えます。

Webページを表示する

1 ホーム画面で●をタッチします。
初回起動時はアカウントの確認
画面が表示されるので、[同意し
て続行] をタッチし、「Chrome
にログイン」画面でアカウントを
選択して [続行] → [OK] の
順にタッチします。

タッチする

2 「Chrome」アプリが起動して、
Webページが表示されます。
URL入力欄が表示されない場合
は、画面を下方向にフリックする
と表示されます。

フリックする

3 URL入力欄をタッチし、URLを入
力して、→ をタッチします。

①入力する

②タッチする

4 入力したURLのWebページが表
示されます。

🔰 Webページを移動する

(1) Webページの閲覧中にリンク先のページに移動したい場合、ページ内のリンクをタッチします。

(2) ページが移動します。◀をタッチすると、タッチした回数分だけページが戻ります。

(3) 画面右上の⋮をタッチして、→をタッチすると、前のページに進みます。

(4) 画面右上の⋮をタッチして、↻をタッチすると、表示しているページが更新されます。

Application

Webページを検索する

「Chrome」アプリのURL入力欄に文字列を入力すると、Google検索が利用できます。また、Webページ内の文字を選択して、Google検索を行うことも可能です。

キーワードを入力してWebページを検索する

1 Webページを開いた状態で、URL入力欄をタッチします。

2 検索したいキーワードを入力して、→ をタッチします。

3 Google検索が実行され、検索結果が表示されます。開きたいページのリンクをタッチします。

4 リンク先のページが表示されます。手順③の検索結果画面に戻る場合は、◀をタッチします。

キーワードを選択してWebページを検索する

(1) Webページ内の単語をロングタッチします。

前述の「ハローべいびぃ」によると、およそ20万円～47万円です（2022年5月時点）。新たな家族としてメインクーンを迎えるときには、きちんと衛生面を保たれていて、知識が豊富なスタッフのいるペットショップやブリーダーからお迎えしましょう。

【関連記事】
人気の猫はいくらする？種類別に紹介！雑種は？保護猫は？

| メインクーンのペット保険料は？

わが子にはできるだけ元気で、健康でいてほしい…。それが家族の一番の願いではないでしょうか。ただ、どんなに強く願っていても、いつ何が起きるかは誰にもわかりません。万が一、何かがあったとき、守ってくれるお守りのようなものがあった～ら安心ですよね。それが「保険」です。「もしも」を防ぎ、「もしも」に備える「予防型ペット保険」

(2) 単語の左右の⬤⬤をドラッグして、検索ワードを選択します。表示されたメニューの[ウェブ検索]をタッチします。

前述の「ハローべいびぃ」によると、およそ20万円～47万です（2022年5. 9点）。新たな家族としてメインクーンを迎えるときには、きちんと衛生面を保たれていて、知識が豊富なスタッフのいるペットショップやブリーダーからお迎えしましょう。

【関連記事】
人気の猫はいくらする？種類別に紹介！雑種は？保護猫は？

| メインクーンのペット保険料は？

わが子にはできるだけ元気で、健康でいてほしい…。それが家族の一番の願いではないでしょうか。ただ、どんなに強く願っていても、いつ何が起きるかは誰にもわかりません。万が一、何かがあっ

(3) 検索結果が表示されます。上下にスライドしてリンクをタッチすると、リンク先のページが表示されます。

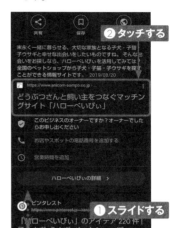

3

MEMO ページ内検索

「Chrome」アプリでWebページを表示し、⋮→[ページ内検索]の順にタッチします。表示される検索バーにテキストを入力すると、ページ内の合致したテキストがハイライト表示されます。

Section **23**

複数のWebページを
同時に開く

Application

「Chrome」アプリでは、タブの切り替えで複数のWebページを同時に開くことができます。複数のページを交互に参照したいときや、常に表示しておきたいページがあるときに利用すると便利です。

Webページを新しいタブで開く

1 URL入力欄を表示して、**目**をタッチします。

タッチする

2 [新しいタブ] をタッチします。

タッチする

3 新しいタブが表示されます。

MEMO リンクを新しいタブで開くには

ページ内のリンクをロングタッチし、[新しいタブをグループで開く] をタッチすると、リンク先のWebページが新しいタブで開きます。

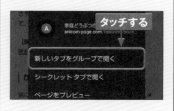

タッチする

📱 表示するタブを切り替える

① 複数のタブを開いた状態で、タブ切り替えアイコンをタッチします。

② 現在開いているタブの一覧が表示されるので、表示したいタブをタッチします。

③ 表示するタブが切り替わります。

MEMO タブを閉じるには

不要なタブを閉じたいときは、手順②の画面で、閉じたいタブの✕をタッチします。

Application

ブックマークを利用する

「Chrome」アプリでは、WebページのURLを「ブックマーク」に
追加し、好きなときにすぐに表示することができます。よく閲覧する
Webページはブックマークに追加しておくと便利です。

ブックマークを追加する

(1) ブックマークに追加したいWeb
ページを表示して、**⋮**をタッチしま
す。

(2) **☆**をタッチします。

(3) ブックマークが追加されます。[編
集]をタッチします。

(4) 名前や保存先のフォルダなどを編
集し、←をタッチします。

MEMO ホーム画面にショート カットを配置するには

手順②の画面で[ホーム画面に
追加]をタッチすると、表示して
いるWebページのショートカット
をホーム画面に配置できます。

ブックマークからWebページを表示する

(1) 「Chrome」アプリを起動し、URL入力欄を表示して、■をタッチします。

(2) [ブックマーク] をタッチします。

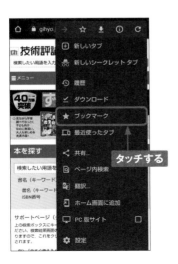

(3) 「ブックマーク」画面が表示されるので、閲覧したいブックマークをタッチします。

(4) ブックマークに追加したWebページが表示されます。

MEMO **ブックマークの削除**

手順③の画面で削除したいブックマークの■をタッチし、[削除]をタッチすると、ブックマークを削除できます。

SH-53Cで使える メールの種類

SH-53Cでは、ドコモメール（@docomo.ne.jp）やSMS、+メッセージを利用できるほか、GmailおよびYahoo!メールなどのパソコンのメールも使えます。

ドコモメール

NTTドコモの提供するメールです。「@docomo.ne.jp」のアドレスが使えます。iモードと同じアドレスが使用可能です。

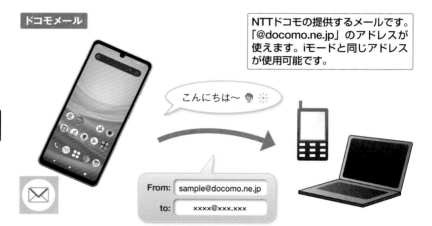

こんにちは〜 👻 ☀️

From: sample@docomo.ne.jp
to: xxxx@xxx.xxx

SMSと+メッセージ

相手の携帯電話番号宛にメッセージを送信します。従来のSMSとそれを拡張した+メッセージ（P.75 MEMO参照）を利用できます。

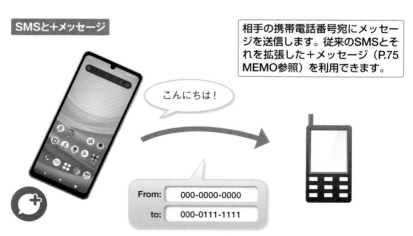

こんにちは！

From: 000-0000-0000
to: 000-0111-1111

Gmail

Googleが提供するメールです。SH-53CにGoogleアカウントを設定すればすぐに利用できます。

こんにちは〜

From: sample@gmail.com
to: xxxx@xxx.xxx

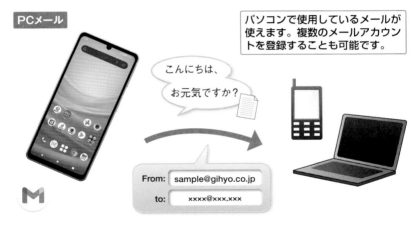

PCメール

パソコンで使用しているメールが使えます。複数のメールアカウントを登録することも可能です。

こんにちは、
お元気ですか?

From: sample@gihyo.co.jp
to: xxxx@xxx.xxx

MEMO +メッセージについて

+メッセージは、従来のSMSを拡張したものです。宛先に相手の携帯電話番号を指定するのはSMSと同じですが、文字だけしか送信できないSMSと異なり、スタンプや写真、動画などを送ることができます。ただし、SMSは相手を問わず利用できるのに対し、+メッセージは、相手も+メッセージを利用している場合のみやり取りが行えます。相手が+メッセージを利用していない場合は、SMSとしてテキスト文のみが送信されます。+メッセージは、NTTドコモ、au、ソフトバンクのAndroidスマートフォンとiPhoneで利用できます。

ドコモメールを設定する

Application

SH-53Cでは「ドコモメール」を利用できます。ここでは、ドコモメールの初期設定方法を解説します。なお、ドコモショップなどで、すでに設定を行っている場合は、ここでの操作は必要ありません。

ドコモメールの利用を開始する

1 ホーム画面で◯をタッチします。

タッチする

2 アップデートの画面が表示された場合は、［アップデート］をタッチします。アップデートの完了後、［起動する］をタッチします。

タッチする

3 アクセス許可の説明が表示されたら、［次へ］をタッチします。

以降の画面で許可が必要です

ドコモメールアプリをご利用いただくにあたり下記の使用許可をお願いします。

「連絡先へのアクセス」の許可
メールの宛先表示や入力時に連絡先（電話帳）を参照します。

の許可
メールへの写真添付などに使います。

タッチする

次へ

4 アクセス許可の画面がいくつか表示されるので、それぞれ［許可］をタッチします。

連絡先へのアクセスを「ドコモメール」に許可しますか？

許可 ← タッチする

許可しない

5 アプリケーションプライバシーポリシーとソフトウェア使用許諾の説明で［〜同意する］をタッチしてチェックを入れ、［利用開始］をタッチします。続いて、メッセージSの利用許諾の画面でも同様に操作します。

6 「ドコモメールアプリ更新情報」画面で［閉じる］をタッチします。

7 「文字サイズ設定」画面の設定はあとからできるので（P.81MEMO参照）、［OK］をタッチします。

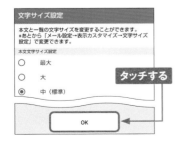

8 「フォルダー覧」画面が表示されて、ドコモメールを利用できる状態になります。フォルダの1つをタッチします。

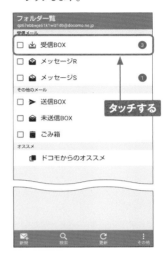

9 受信したメールが表示されます。次回から、P.76手順①で◎をタッチすると、すぐに「ドコモメール」アプリが起動します。

ドコモメールのアドレスを変更する

1 P.77手順⑧の「フォルダー覧」画面を表示し、画面右下の[その他]→[メール設定]をタッチします。

2 [ドコモメール設定サイト]をタッチします。

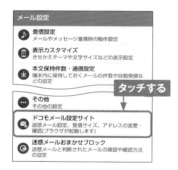

3 「パスワード確認」画面が表示されたら、spモードパスワードを入力し、[spモードパスワード確認]をタッチします。

4 「メール設定」画面で[メール設定内容の確認]をタッチします。

5 「メールアドレス」の[メールアドレスの変更]をタッチします。

6 表示された画面を上方向にスライドします。

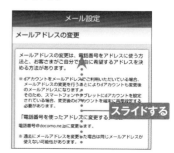

⑦ [自分で希望するアドレスに変更する] をタッチして、希望するメールアドレスを入力し、[確認する] をタッチします。

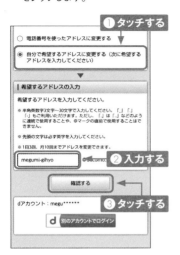

① タッチする

○ 電話番号を使ったアドレスに変更する

⦿ 自分で希望するアドレスに変更する（次に希望するアドレスを入力してください）

希望するアドレスの入力

希望するアドレスを入力してください。

※ 半角英数字3文字～30文字で入力してください。「」「」「-」もご利用いただけます。ただし、「」は「」などのように連続で使用することや、@マークの直前で使用することはできません。

※ 先頭の文字は必ず英字を入力してください。

※ 1日3回、月10回までアドレスを変更できます。

megumi-gihyo @docomo. ② 入力する

確認する ③ タッチする

dアカウント：megu*****

d 別のアカウントでログイン

⑧ 入力したメールアドレスを確認して、[設定を確定する] をタッチします。メールアドレスを修正する場合は [修正する] をタッチします。

メール設定

設定内容確認

以下の内容を設定します。
内容をご確認のうえ、「設定を確定する」ボタンを押してください。 ① 確認する

設定する内容

希望するアドレス

megumi-gihyo@docomo.ne.jp

設定を確定する

修正する ② タッチする

く メール設定トップへ

© NTT DOCOMO, INC. All Rights Reserved.

⑨ [メール設定トップへ] をタッチすると、「メール設定」画面に戻ります。この画面で迷惑メール対策などが設定できます（Sec.29参照）。設定が必要なければホーム画面に戻ります。

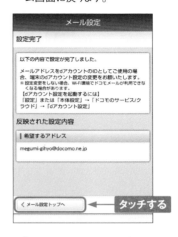

メール設定

設定完了

以下の内容で設定が完了しました。

メールアドレスをdアカウントのIDとしてご使用の場合、端末のdアカウント設定の変更をお願いいたします。
※設定変更をしない場合、Wi-Fi環境でドコモメールが利用できなくなる場合があります。
【dアカウント設定を起動するには】
「設定」または「本体設定」→「ドコモのサービス/クラウド」→「dアカウント設定」

反映された設定内容

希望するアドレス

megumi-gihyo@docomo.ne.jp

く メール設定トップへ タッチする

3

MEMO メールアドレスを引き継ぐには

すでに利用しているdocomo. ne.jpのメールアドレスがある場合は、同じメールアドレスを引き続き使用することができます。手順④の「メール設定」画面を上方向にスライドし、[メールアドレスの入替え] をタッチして、画面の表示に従って設定を進めましょう。

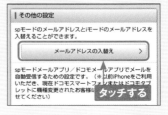

その他の設定

spモードのメールアドレスとiモードのメールアドレスを入替えることができます。

メールアドレスの入替え ＞

spモードメールアプリ／ドコモメールアプリでメールを自動受信するための設定です。（※以前iPhoneをご利用いただき、現在ドコモスマートフォンまたはドコモタブレットに機種変更されたお客様に… タッチする

ドコモメールを利用する

P.78 ～ 79で変更したメールアドレスで、ドコモメールを使ってみましょう。ほかの携帯電話とほとんど同じ感覚で、メールの閲覧や返信、新規作成が行えます。

ドコモメールを新規作成する

1 ホーム画面で☺をタッチします。

タッチする

2 「フォルダー覧」画面左下の [新規] をタッチします。「フォルダー覧」画面が表示されていないときは、■を何度かタッチします。

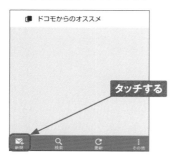

■ ドコモからのオススメ

タッチする

3 新規メールの「作成」画面が表示されるので、□をタッチします。「To」欄に直接メールアドレスを入力することもできます。

作成

To

件名

本文

タッチする

4 電話帳に登録した連絡先のメールアドレスが名前順に表示されるので、送信したい宛先をタッチしてチェックを付け、[決定] をタッチします。履歴から宛先を選ぶこともできます。

和泉 ナナ

☑ kys04240@yahoo.co.jp

南原 千鶴

☐

❶ タッチする

❷ タッチする

決定

⑤ メールの「作成」画面が表示されるので、「件名」欄をタッチしてタイトルを入力します。「本文」欄をタッチします。

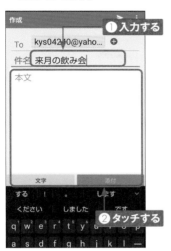

⑥ メールの本文を入力します。

⑦ [送信] をタッチすると、メールを送信できます。なお、[添付]をタッチすると、写真などのファイルを添付できます。

MEMO 文字サイズの変更

ドコモメールでは、メール本文や一覧表示時の文字サイズを変更することができます。P.80手順②で画面右下の [その他] をタッチし、[メール設定] → [表示カスタマイズ] → [文字サイズ設定] の順にタッチし、好みの文字サイズをタッチします。

📧 受信したメールを閲覧する

(1) メールを受信すると通知が表示されるので、◎をタッチします。

受信の通知

タッチする

(2) 「フォルダー覧」画面が表示されたら、[受信BOX]をタッチします。

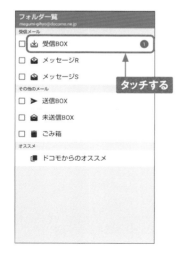

(3) 受信したメールの一覧が表示されます。内容を閲覧したいメールをタッチします。

タッチする

(4) メールの内容が表示されます。宛先横の◎をタッチすると、宛先のアドレスと件名が表示されます。

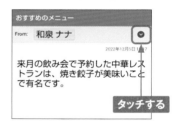

タッチする

MEMO メールの削除

手順③の「受信BOX」画面で削除したいメールの左にある□をタッチしてチェックを付け、画面下部のメニューから[削除]をタッチすると、メールを削除できます。

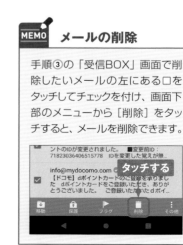

タッチする

受信したメールに返信する

1 P.82を参考に受信したメールを表示し、画面左下の [返信] をタッチします。

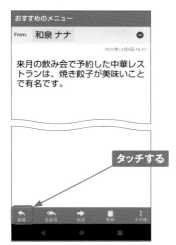

タッチする

2 メールの「作成」画面が表示されるので、相手に返信する本文を入力します。

入力する

3 [送信] をタッチすると、返信のメールが相手に送信されます。

タッチする

MEMO フォルダの作成

ドコモメールではフォルダでメールを管理できます。フォルダを作成するには、「フォルダ一覧」画面で画面右下の [その他] → [フォルダ新規作成] の順にタッチします。

② タッチする

① タッチする

Application

メールを自動振分けする

ドコモメールは、送受信したメールを自動的に任意のフォルダへ振分けることも可能です。ここでは、振分けのルールの作成手順を解説します。

振分けルールを作成する

(1) 「フォルダ一覧」画面で画面右下の [その他] をタッチし、[メール振分け] をタッチします。

② タッチする
① タッチする

(2) 「振分けルール」画面が表示されるので、[新規ルール] をタッチします。

タッチする

(3) [受信メール]または[送信メール] (ここでは [受信メール]) をタッチします。

タッチする

MEMO 振分けルールの作成

ここでは、受信したメールを「差出人のメールアドレス」に応じてフォルダに振り分けるルールを作成しています。なお、手順③で[送信メール]をタッチすると、送信したメールの振分けルールを作成できます。

④ 「振分け条件」の[新しい条件を追加する]をタッチします。

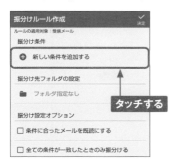

⑤ 振分けの条件を設定します。「対象項目」のいずれか（ここでは[差出人で振り分ける]）をタッチします。

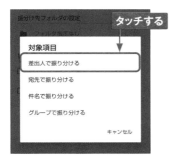

⑥ 任意のキーワード（ここでは差出人のメールアドレス）を入力して、[決定]をタッチします。

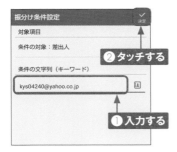

⑦ 手順④の画面に戻るので[フォルダ指定なし]をタッチし、[振分け先フォルダを作る]をタッチします。

⑧ フォルダ名を入力し、希望があればフォルダのアイコンを選択して、[決定]をタッチします。「確認」画面が表示されたら、[OK]をタッチします。

⑨ [決定]をタッチします。「振分け」画面が表示されたら、[はい]をタッチします。

⑩ 振分けルールが登録されます。

3

85

迷惑メールを防ぐ

Application

ドコモメールでは、受信したくないメールをドメインやアドレス別に細かく設定することができます。スパムメールや怪しいメールの受信を拒否したい場合などに設定しておきましょう。

迷惑メールフィルターを設定する

1 ホーム画面で⊠をタッチします。

タッチする

2 画面右下の [その他] をタッチし、[メール設定] をタッチします。

- ❷タッチする
- ❶タッチする

3 [ドコモメール設定サイト] をタッチします。

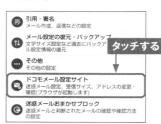

- 引用・署名
  メール作成、返信などの設定
- メール設定の復元・バックアップ
  文字サイズ設定など過去にバックアップ
  ル設定情報の復元
- その他
  その他の設定
- ドコモメール設定サイト
  迷惑メール設定、受信サイズ、アドレスの変更・
  確認(ブラウザが起動します)
- 迷惑メールおまかせブロック
  迷惑メールと判断されたメールの確認や確認方法
  の設定

タッチする

MEMO 迷惑メールおまかせブロックとは

ドコモでは、迷惑メールフィルターの設定のほかに、迷惑メールを自動で判定してブロックする「迷惑メールおまかせブロック」という、より強力な迷惑メール対策サービスがあります。月額利用料金は200円ですが、これは「あんしんセキュリティ」の料金なので、同サービスを契約していれば、「迷惑メールおまかせブロック」も追加料金不要で利用できます。

④ 「パスワード確認」画面が表示されたら、spモードパスワードを入力して、[spモードパスワード確認]をタッチします。設定済みであれば、生体認証や画面ロックの暗証番号での認証もできます。

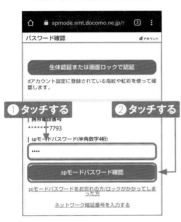

⑤ [利用シーンに合わせた設定]が展開されていない場合はタッチして展開し、[拒否リスト設定]をタッチします。

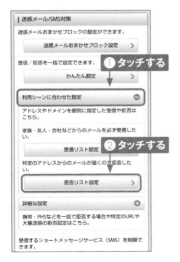

⑥ 「拒否リスト設定」の[設定を利用する]をタッチして、画面を上方向にスライドします。

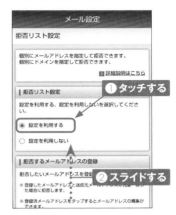

⑦ 「登録済メールアドレス」の[さらに追加する]をタッチして、受信を拒否するメールアドレスを登録します。同様に、「登録済ドメイン」の[さらに追加する]をタッチすると、受信を拒否するドメインを登録できます。[確認する] → [設定を確定する]の順にタッチすると、設定が完了します。

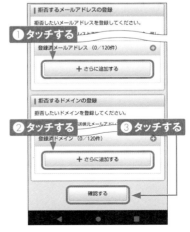

Application

＋メッセージを利用する

「＋メッセージ」アプリでは、携帯電話番号を宛先にして、テキストや写真、ビデオ、スタンプなどを送信できます。「＋メッセージ」アプリを使用していない相手の場合は、SMSでやり取りが可能です。

＋メッセージとは

SH-53Cでは、「＋メッセージ」アプリで＋メッセージとSMSが利用できます。＋メッセージでは文字が全角2,730文字、そのほかに100MBまでの写真や動画、スタンプ、音声メッセージをやり取りでき、グループメッセージや現在地の送受信機能もあります。パケットを使用するため、パケット定額のコースを契約していれば、とくに料金は発生しません。なお、SMSではテキストメッセージしか送れず、別途送信料もかかります。

また、＋メッセージは、相手も＋メッセージを利用している場合のみ利用できます。SMSと＋メッセージどちらが利用できるかは自動的に判別されますが、画面の表示からも判断することができます（下図参照）。

「＋メッセージ」アプリで表示される連絡先の相手画面です。＋メッセージを利用している相手には、↪が表示されます。プロフィールアイコンが設定されている場合は、アイコンが表示されます。

相手が＋メッセージを利用していない場合は、メッセージ画面の名前欄とメッセージ欄に「SMS」と表示されます（上図）。＋メッセージを利用している相手の場合は、何も表示されません（下図）。

メールを送信する

① P.92を参考に「メイン」などの画面を表示して、[作成] をタッチします。

タッチする

② メールの「作成」画面が表示されます。[To] をタッチして、メールアドレスを入力します。「ドコモ電話帳」内の連絡先であれば、表示される候補をタッチします。

入力する

③ 件名とメールの内容を入力し、▷をタッチすると、メールが送信されます。

②タッチする

①入力する

Yahoo!メール／PCメールを設定する

SH-53Cで会社のPCメールやYahoo!メールなどのWebメールを送受信する場合は、「Gmail」アプリを使います。ここでは、Yahoo!メールを「Gmail」アプリで利用するための設定方法を紹介します。

Yahoo!メールを設定する

1 ホーム画面のGoogleフォルダを開いて [Gmail] をタッチします。

タッチする

2 「Gmail」アプリの画面右上の頭文字のアイコン、またはプロフィールの写真をタッチします。

タッチする

3 [別のアカウントを追加] をタッチします。

タッチする

MEMO Yahoo!メールの パスワード

Yahoo!メールのアカウントは、https://mail.yahoo.co.jp/promo/で無料で作成することができます。Webでメールを利用する際には、登録した電話番号にSMSで送られる確認コードで認証を行います。ここで紹介しているように、ほかのメールアプリから利用するときには、パスワードを作成して有効化しておく必要があります。

④ [Yahoo] をタッチします。

⑤ 取得済みのYahoo!メールのメールアドレスを入力して、[続ける]をタッチします。

⑥ Yahoo!メールのパスワード（P.94 MEMO参照）を入力して [次へ] をタッチします。

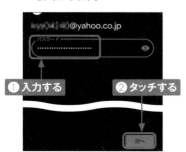

⑦ アカウントのオプションを確認して、[次へ] をタッチします。

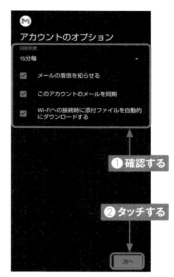

⑧ メールアドレスと名前を確認して、[次へ] をタッチします。

3

⑨ 「受信トレイ」に戻るので、左上の≡をタッチします。

⑩ [すべての受信トレイ] をタッチします。

⑪ Gmailのほかに、受信したYahoo!メールも表示されます。

⑫ 手順⑨の画面で、画面右上の頭文字のアイコンまたは写真をタッチし、P.94手順③の画面でYahoo!メールのアドレスをタッチすると、Yahoo!メールの受信トレイだけを表示することができます。

MEMO **PCメールを設定する**

PCメールを設定する場合は、P.95手順④の画面で [その他]をタッチして、画面の指示に従って進めます。メールアカウントとパスワードのほかに、利用しているメールサーバーの情報も必要になるので、事前に調べておきましょう。

Googleのサービスを
使いこなす

Section 33   Googleのサービスとは

Section 34   Googleアシスタントを利用する

Section 35   Google Playでアプリを検索する

Section 36   アプリをインストール・アンインストールする

Section 37   有料アプリを購入する

Section 38   Googleマップを使いこなす

Section 39   紛失したSH-53Cを探す

Section 40   YouTubeで世界中の動画を楽しむ

Application

G

Googleのサービスとは

Googleは地図、ニュース、動画などのさまざまなサービスをインターネットで提供しています。専用のアプリを使うことで、Googleの提供するこれらのサービスをかんたんに利用することができます。

Googleのサービスでできること

GmailはGoogleの代表的なサービスですが、そのほかにも地図、ニュース、動画、SNS、翻訳など、さまざまなサービスを無料で提供しています。また、連絡先やスケジュール、写真などの個人データをGoogleのサーバーに保存することで、パソコンやタブレット、ほかのスマートフォンとデータを共有することができます。

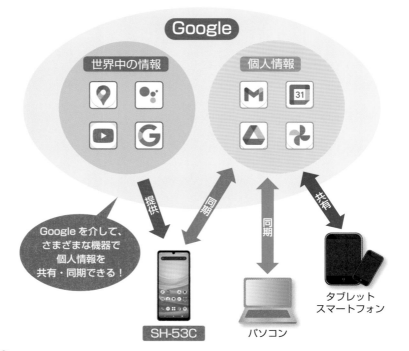

Googleのサービスと対応アプリ

Googleのほとんどのサービスは、Googleが提供している標準のアプリを使って利用できます。最初からインストールされているアプリ以外は、Google Playからダウンロードします（Sec.35 ～ 36参照）。また、Google製以外の対応アプリを利用することもできます。

サービス名	対応アプリ	サービス内容
Google Play	Playストア	各種コンテンツ（アプリ、書籍、映画、音楽）のダウンロード
Googleニュース	Googleニュース	ニュースや雑誌の購読
YouTube	YouTube	動画サービス
YouTube Music	YouTube Music（YT Music）	音楽の再生、オンライン上のプレイリストの再生など
Gmail	Gmail	Googleアカウントをアドレスにしたメールサービス
Googleマップ	マップ	地図・経路・位置情報サービス
Googleカレンダー	Googleカレンダー	スケジュール管理
Google ToDoリスト	ToDoリスト	タスク（ToDo）管理
Google翻訳	Google翻訳	多言語翻訳サービス（音声入力対応）
Googleフォト	Googleフォト	写真・動画のバックアップ
Googleドライブ	Googleドライブ	文書作成・管理・共有サービス
Googleアシスタント	Google	話しかけるだけで、情報を調べたり端末を操作したりできるサービス
Google Keep	Google Keep	メモ作成サービス

4

 ## Googleのサービスとドコモのサービスのどちらを使う？

「ドコモ電話帳」アプリと「スケジュール」アプリのデータの保存先は、Googleとドコモで同様のサービスを提供しているため、どちらか1つを選ぶ必要があります。ふだんからGoogleのサービスを利用していて、それらのデータを連携させたい人はGoogleを、Googleのサービスはあまり利用していないという人はドコモを選ぶとよいでしょう。
Googleのサービスを利用する場合は、連絡先の保存先（P.54手順②参照）でGoogleアカウントを選び、スケジュール管理には「Googleカレンダー」アプリを使いましょう。一方、ドコモを利用する場合は、連絡先の保存先に「docomo」を選び、スケジュール管理に「スケジュール」アプリを使います。

Googleアシスタントを利用する

Application

G

SH-53Cでは、Googleの音声アシスタントサービス「Googleアシスタント」を利用できます。アシスタントキーを押すだけで起動でき、音声でさまざまな操作をすることができます。

Googleアシスタントの利用を開始する

(1) ◯をロングタッチします。

ロングタッチする

(2) Googleアシスタントの開始画面が表示されます。

(3) Googleアシスタントが利用できるようになります。

はじめまして、めぐみさん。Google アシスタントです。知りたいこと、やりたいことをサポートします。例えばこんなことができますよ。

次のように言ってみてください

数学や科学について調べる
"空はなぜ青いの?"

MEMO 音声でアシスタントを起動する

音声を登録すると、SH-53Cの起動中に「OK Google(オーケーグーグル)」と発声して、すぐにGoogleアシスタントを使うことができます。設定メニューで、[Google] → [Googleアプリの設定] → [検索、アシスタントと音声] → [Googleアシスタント] → [OK GoogleとVoice Match] → [使ってみる]の順にタッチして、画面に従って音声を登録します。

📱 周辺の施設を検索する

1 施設を検索したい場所を表示し、検索ボックスをタッチします。

2 探したい施設を入力し、🔍をタッチします。

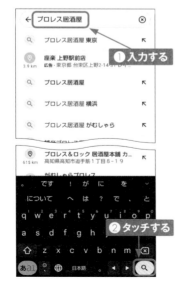

3 該当するスポットが一覧で表示されます。上下にスライドして、気になるスポット名をタッチします。

4 選択した施設の情報が表示されます。上下にスライドすると、より詳細な情報を表示できます。

4

紛失したSH-53Cを探す

Application

万一、SH-53Cを紛失した場合でも、パソコンからSH-53Cがある場所を確認できます。なお、この機能を利用するには、事前に位置情報を有効にしておく必要があります（P.108参照）。

「デバイスを探す」を設定する

① ホーム画面でアプリ一覧ボタンをタッチし、[設定] をタッチします。

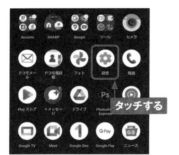

タッチする

② 設定メニューで [セキュリティ] をタッチします。

♠ ホーム切替

タッチする

ナ ユーザー補助
ディスプレイ、操作、音声

🔒 セキュリティ
画面ロック、顔認証、指紋

🍥 プライバシー
権限、アカウント アクティビティ、個人データ

📍 位置情報
ON・5個のアプリに位置情報へのアクセスを許可

③ 「セキュリティ」画面で [デバイスを探す] をタッチします。

セキュリティ

セキュリティ ステータス

タッチする

⊘ Google Play プロテクト
前回のアプリのスキャン: 6:02

⊘ デバイスを探す
ON

🗐 セキュリティ アップデート
2022年9月1日

Google Play システム アップデート

④ [「デバイスを探す」を使用] が ●の場合は、タッチして●にします。

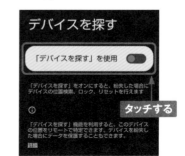

デバイスを探す

「デバイスを探す」を使用 ●

「デバイスを探す」をオンにすると、紛失した場合にデバイスの位置検索、ロック、リセットを行えます

タッチする

① 「デバイスを探す」機能を利用すると、このデバイスの位置をリモートで特定できます。デバイスを紛失した場合にデータを保護することもできます。 詳細

◾ パソコンでSH-53Cを探す

(1) パソコンのWebブラウザでGoogleの「Googleデバイスを探す」(https://android.com/find)にアクセスします。

入力してアクセスする

(2) ログイン画面が表示されたら、Sec.11で設定したGoogleアカウントを入力し、[次へ] をクリックします。Googleアカウントのパスワードの入力を求められたらパスワードを入力し、[次へ] をクリックします。

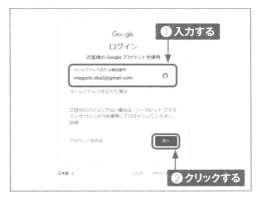

❶入力する

❷クリックする

(3) 「デバイスを探す」画面で[承認]をクリックすると、地図が表示され、現在SH-53Cがあるおおよその位置を確認できます。画面左上の項目をクリックすると、現地にあるSH-53Cで音を鳴らしたり、ロックをかけたり、端末内のデータを初期化したりできます。

クリックする

Section **40**

YouTubeで
世界中の動画を楽しむ

Application

世界最大の動画共有サイトであるYouTubeの動画は、SH-53Cで
も視聴することができます。高画質の動画を再生可能で、一時停
止や再生位置の変更も行えます。

YouTubeの動画を検索して視聴する

1 ホーム画面でGoogleフォルダを
タッチして開き、[YouTube]をタッ
チします。

2 YouTube Premiumに関する画
面が表示された場合は、[スキッ
プ]をタッチします。YouTubeの
トップページが表示されるので、
🔍をタッチします。

3 検索したいキーワード（ここでは
「アフリカコノハズク」）を入力し
て、🔍をタッチします。

4 検索結果の中から、視聴したい
動画のサムネイルをタッチします。

(5) 動画が再生されます。ステータスパネル（P.17参照）の［自動回転］をタッチしてオンにすると、本体が横向きの場合に全画面表示になります。画面をタッチします。

タッチする

(6) メニューが表示されます。**Ⅱ**をタッチすると一時停止します。✓をタッチします。

タッチする

タッチして一時停止

(7) 再生画面がウィンドウ化され、動画を再生しながら視聴したい動画の選択操作ができます。動画再生を終了するには✕をタッチするか、◀を何度かタッチしてYouTubeを終了します。

ウィンドウ化されて再生される

タッチする

YouTubeの操作

再生画面のウィンドウ化　　自動再生のオン／オフ　　字幕のオン／オフ

画質や再生速度の切り替え

全画面表示の切り替え

4

そのほかのGoogleサービスアプリ

本章で紹介したアプリ以外にも、さまざまなGoogleサービスのアプリがあります。あらかじめSH-53Cにインストールされているアプリのほか、Google Playで無料で公開されているアプリも多いので、ぜひ試してみてください。

Google翻訳

100種類以上の言語に対応した翻訳アプリ。音声入力やカメラで撮影した写真の翻訳も可能。

Google Keep

文字や写真、音声によるメモを作成するアプリ。Webブラウザでの編集も可能。

Googleドライブ

無料で15GBの容量が利用できるオンラインストレージアプリ。ファイルの保存・共有・編集ができる。

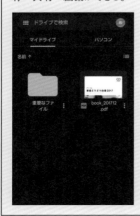

Googleカレンダー

Web上のGoogleカレンダーと同期し、同じ内容を閲覧・編集できるカレンダーアプリ。

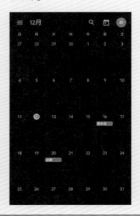

音楽や写真、動画を楽しむ

Section **41**　パソコンからファイルを取り込む

Section **42**　本体内の音楽を聴く

Section **43**　写真や動画を撮影する

Section **44**　カメラの撮影機能を活用する

Section **45**　Googleフォトで写真や動画を閲覧する

Section **46**　Googleフォトを活用する

Section **41**

パソコンからファイルを取り込む

Application

SH-53CはUSB Type-Cケーブルでパソコンと接続して、本体メモリーやmicroSDカードにパソコンの各種データを転送できます。お気に入りの音楽や写真、動画を取り込みましょう。

5

パソコンとSH-53Cを接続してデータを転送する

1 パソコンとSH-53CをUSB Type-Cケーブルで接続します。自動で接続設定が行われます。SH-53Cに許可画面が表示されたら、[許可]をタッチします。パソコンでエクスプローラーを開き、[PC]の下にある[SH-53C]をクリックします。

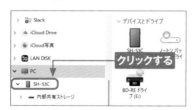

2 microSDカードを挿入している場合は、[SDカード]と[内部共有ストレージ]が表示されます。ここでは、本体にデータを転送するので、[内部共有ストレージ]をダブルクリックします。

3 本体に保存されているファイルが表示されます。ここでは、フォルダを作ってデータを転送します。[新規作成]→[フォルダー]の順でをクリックします。この操作はWindowsのバージョンによって異なります。

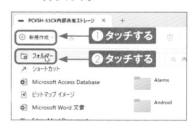

4 フォルダが作成されるので、フォルダ名を入力します。

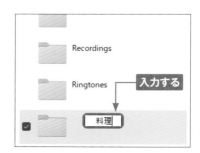

118

(5) フォルダ名を入力したら、フォルダをダブルクリックして開きます。

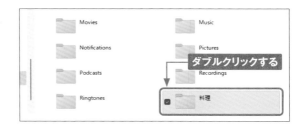

ダブルクリックする

(6) 転送したいデータが入っているパソコンのフォルダを開き、ドラッグ&ドロップでファイルやフォルダを転送します。

ドラッグ&ドロップする

(7) 作成したフォルダにファイルが転送されました。

転送された

(8) SH-53Cのアプリ（ここでは「Files」アプリ）を起動すると、転送したファイルが読み込まれて表示されます。ここでは写真ファイルをコピーしましたが、音楽や動画のファイルも同じ方法で転送できます。

本体内の音楽を聴く

Application

SH-53Cでは、音楽の再生や音楽情報の閲覧などができる
「YouTube Music」を利用することができます。ここでは、本体
に取り込んだ曲のファイルを再生する方法を紹介します。

本体内の音楽ファイルを再生する

(1) ホーム画面のGoogleフォルダを開
き、[YT Music]をタッチします。

(2) Googleアカウント(Sec.11参照)
にログインしていない場合はこの
画面が表示されます。[ログイン]
→[アカウントを追加]をタッチし
てログインします。ログインしてい
る場合は③に進みます。

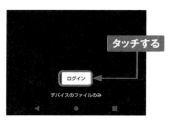

(3) 初回起動時には、有料プランの
案内が表示されます。ここでは、
右上の✕をタッチします。

(4) YouTube Musicのホーム画面
が表示されます。

(5) YouTube Musicのホーム画面の下部にある [ライブラリ] をタッチします。

タッチする

(6) メニューの [曲] をタッチし、権限の許可画面が表示されたら [許可] をタッチします。[デバイスのファイル] をタッチし、聞きたい曲をタッチします。

❶タッチする → デバイスのファイル

❷タッチする

(7) 曲が再生されます。画面を下方向にスライドします。

スライドする

(8) 再生画面がウィンドウ化され、曲の選択操作ができます。

ウィンドウ化した

MEMO ラジスマ

「ラジスマ」は、インターネットラジオとFMラジオの両方がどこでも聞ける機能です。SH-53Cでは、「radiko+FM」アプリで利用できます。

Application

写真や動画を撮影する

SH-53Cには高性能なカメラが搭載されています。さまざまなシーンで自動で最適な写真や動画が撮れるほか、モードや設定を変更することで、自分好みの撮影ができます。

写真を撮影する

1 ホーム画面で[カメラ]をタッチします。はじめてカメラを起動したときは、カメラの機能の説明や写真の保存先の確認画面が表示される場合があります。

タッチする

2 写真を撮るときは、カメラが起動したらピントを合わせたい場所をタッチして、○をタッチすると写真を撮影できます。また、ロングタッチすると、連続撮影ができます。

❷ タッチする

❶ タッチする

3 撮影後、直前に撮影した写真のサムネイルが表示されます。サムネイルをタッチすると、撮影した写真が表示されます。⦿をタッチすると、インカメラとアウトカメラを切り替えることができます。

カメラを切り替え

写真を表示

動画を撮影する

(1) 動画を撮影するには、画面右端を上方向（横向き時。縦向き時は右方向）にスワイプして「ビデオ」に合わせるか、[ビデオ] をタッチします。

(2) 動画撮影モードになります。⦿をタッチします。

(3) 動画の撮影が始まり、撮影時間が表示されます。撮影を終了するには、◯をタッチします。

(4) 「フォト」アプリ（P.132参照）のアルバムで動画を選択すると、動画が再生されます。

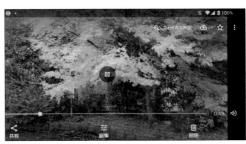

撮影画面の見かた

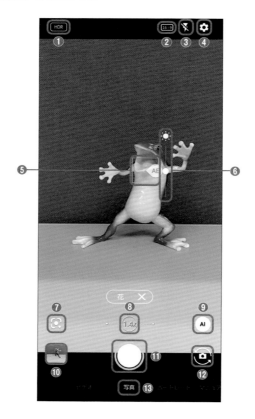

❶	HDR機能の動作中に表示	❽	ズーム倍率
❷	写真サイズ	❾	認識アイコン
❸	フラッシュ	❿	直前に撮影した写真のサムネイル
❹	設定	⓫	写真撮影（シャッターボタン）
❺	フォーカスマーク	⓬	イン／アウトカメラ切り替え
❻	明るさ調整バー	⓭	撮影モード
❼	Google Lens		

ズーム倍率を変更する

(1) カメラのズーム倍率を上げるには、「カメラ」アプリの画面上でピンチアウトします。

(2) ズーム倍率は最大8.0倍まで上げることができます。ズーム倍率を下げるには、画面上をピンチインします。

(3) ズーム倍率は最小0.6倍まで下げることができます。ズーム倍率に応じて、標準カメラと広角カメラが自動で切り替わります。

(4) ズーム倍率のスライダー上をドラッグすることでも、ズーム倍率を変更できます。

カメラの撮影機能を活用する

Application

SH-53Cのカメラには、自撮りをきれいに撮れる機能や、撮影した被写体やテキストをすばやく調べることができる機能などがあり、活用すれば撮影をより楽しめます。

カメラの 「設定」 画面を表示する

1 カメラを起動し、⚙をタッチします。

タッチする

2 カメラの「設定」画面が表示されます。[写真]をタッチすると、写真のサイズ変更、ガイド線の選択、インテリジェントフレーミング/オートHDR/QRコード・バーコード認識のオン・オフなどの設定ができます。

← 設定

動画　　　　写真　　　　共

写真ファイル

📷 写真サイズ
12.5M

タッチする

撮影設定

🔲 連写撮影
シャッターボタンの長押しで連写撮影を行います

HDR オートHDR

3 [動画]をタッチすると、動画のサイズ、画質とデータ量、手振れ補正/マイク設定/風切り音低減のオン・オフなどの設定ができます。なお、[共有]をタッチすると、写真と動画の共通の設定ができます。

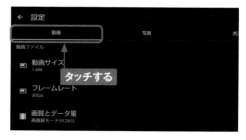

← 設定

動画　　　　写真　　　　共

動画ファイル

📷 動画サイズ
1.6M

タッチする

📷 フレームレート
30fps

🎞 画質とデータ量
高画質モード(H.265)

📷 ガイド線を利用する

1 P.126手順①〜② を参考にカメラの 「設定」画面を表 示して、[写真] → [ガイド線] の順で タッチします。

2 「ガイド線」画面に 切り替わります。い ろいろあるガイド線 の1つをタッチする と、手順①の「設 定」画面に戻るの で、左上の◀をタッ チします。

3 カメラの画面に戻 ると、画面上にガイ ド線が表示されま す。ガイド線を参 考に写真の構図を 決めて、○をタッチ します。

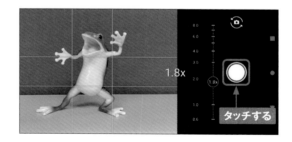

4 ガイド線はカメラの 画面に表示される だけで、撮影され た写真には写りま せん。

📷 写真の縦横比ーサイズを変更する

(1) カメラの画面で⚙をタッチします。P.126手順②の「設定」画面が表示されたら、[写真サイズ]をタッチします。

(2) 初期状態の縦横比ーサイズは「4:3ー12.0M」が選択されているので、ここでは[16:9ー9.4M]をタッチします。「設定」画面に戻るので、左上の←をタッチします。

(3) カメラの画面に戻ります。手順②で選択した縦横比ーサイズに応じて、カメラの画面の縦横比が変わります。〇をタッチして写真を撮影します。

(4) 選択した縦横比ーサイズで写真が撮影されます。

Google Lensで撮影したものをすばやく調べる

① カメラを起動し、◙をタッチします。初回起動時は［カメラを起動］→［アプリの起動時のみ］の順にタッチします。

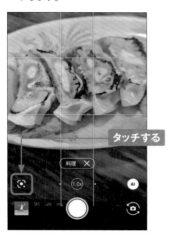

② 調べたいものにカメラをかざし、⊕をタッチします。

③ 被写体の名前などの情報が表示されます。▬を上方向にスライドします。

④ さらに詳しい情報をWeb検索で調べることができます。

🎬 AIの自動認識をオンにする

(1) SH-53CはAIが自動認識したシーンや被写体に応じて、最適な画質やシャッタースピードで撮影できます。自動認識をオンにするには、[AI] をタッチします。

(2) アイコンの色が変化して、自動認識がオンになります。被写体を認識すると、被写体の種類が表示されます。

(3) 手順②の画面で被写体の種類をタッチすると、現在の被写体の認識が解除されます。

MEMO AIライブシャッター

P.126手順③の画面で [AIライブシャッター] をオンにすると、動画の撮影中にAIが被写体や構図を判断して、自動で写真を撮影します。動画の撮影中に○をタッチして、手動で写真を撮影することもできます。

AIが認識する被写体やシーン

AIが認識する被写体やシーンは人物、動物、料理、花、夜景、黒板/白版などです。被写体の状態によっては、うまく認識できない場合もあります。

● **人物**

● **動物**

● **料理**

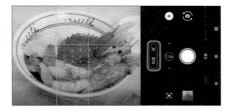

● **花**

● **夜景**

Googleフォトで写真や動画を閲覧する

Application

SH-53Cには、写真や動画を閲覧する「フォト」アプリが最初から
インストールされています。撮影した写真や動画は、その場ですぐ
に再生して楽しむことができます。

「フォト」アプリを起動する

1 ホーム画面で［フォト］をタッチします。

タッチする

2 ［バックアップをオンにする］をタッチすると、写真や動画がGoogle
ドライブにアップロードされます。次の画面で、［高画質］か［元
のサイズ］を選びます。バックアップの設定は後から変更することも
できます（P.137参照）。

思い出を安全に保存しましょう

写真と動画を Google フォトに安全にバックアップできます

タッチする

megumi.oka2@gmail.com
megumi.oka2@gmail.com

バックアップしない　　バックアップをオンにする

写真と動画は元の画質でバックアップされます。バックアップは、［設定］でいつでもオフにしたり、変更したりできます。

3 「フォト」アプリの画面が表示されます。写真や動画のサムネイルを
タッチします。

日曜日

12月4日(日)

タッチする

4 写真や動画が表示されます。

写真や動画を削除する

(1) 「フォト」アプリを起動して、削除したい写真をロングタッチします。

ロングタッチする

(2) 写真が選択されます。複数の写真を削除したい場合は、ほかの写真もタッチして選択しておきます。🗑をタッチし、「アイテムをゴミ箱に移動します」の説明が表示されたら [OK] をタッチします。

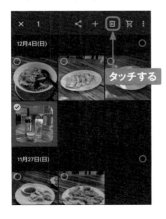

タッチする

(3) [ゴミ箱に移動] をタッチします。

タッチする

(4) 写真がゴミ箱に移動します。

MEMO 写真を完全に削除する

手順④の時点で写真はゴミ箱に移動しますが、まだ削除されていません。写真をGoogleフォトから完全に削除するには、手順①の画面で右下の [ライブラリ] → [ゴミ箱] の順でタッチし、「ゴミ箱」画面で🔽→ [ゴミ箱を空にする] → [完全に削除する] の順でタッチします。

タッチする

写真を編集する

1. 「フォト」アプリで写真を表示して、[編集]をタッチします。「便利な編集機能」の説明が表示されたら[OK]をタッチします。

2. 写真を自動補正するには、[ダイナミック]、[補整]、[ウォーム]、[クール]のいずれかを選んでタッチします。

3. 編集が適用された写真が表示されます。いずれの編集の場合も、[キャンセル]をタッチすると編集をやり直すことができます。[コピーを保存]をタッチすると、もとの写真はそのままで、写真のコピーが保存されます。

4. 写真のコピーが保存されました。

5 手順①の画面で[切り抜き]をタッチすると、写真をトリミングしたり、回転させたりすることができます。

6 [調整]をタッチすると、明るさやコントラストの変更や、肌の色の修正などができます。

7 [フィルタ]をタッチすると、各種のフィルタを適用して写真の雰囲気を変更することができます。

8 [その他]をタッチすると、Photoshop Expressによる編集が可能です。Photoshop Expressを利用するには、Adobe IDを取得する必要があります。

① 「フォト」アプリで動画を表示して、[編集] をタッチします。

タッチする

共有　編集　削除

② 画面の下部に表示されたフレームをタッチして場面を選び、[フレーム画像をエクスポート] をタッチすると、その場面が写真として保存されます。■■をタッチすると、動画の手ブレを補整できます。

①タッチする　②タッチする

フレーム画像をエクスポート

動画　切り抜き　調整

③タッチする　コピーを保存

③ 画面の下部に表示されたフレームの左右のハンドルをドラッグして、動画をトリミングすることができます。[コピーを保存] をタッチすると、新しい動画として保存されます。

①タッチする

フレーム画像をエクスポート

②タッチする　動画　切り抜き　調整

キャンセル　コピーを保存

MEMO 動画のフォーカス再生

手順①の画面で、画面上部の [フォーカス再生] をタッチすると、AIが被写体を認識して、自動的にズームしたり、追尾したりする動画が再生されます。フォーカス再生中の画面で [保存] をタッチすると、新しい動画として保存されます。

← フォーカス再生 ☆ ⋮

Googleフォトを
活用する

Application

「フォト」アプリでは、写真をバックアップしたり、写真を検索したり
できる便利な機能が備わっています。また、写真は自動的にアルバ
ムで分類されて、撮影した写真をかんたんにまとめてくれます。

5

バックアップする写真の画質を確認する

(1) 「フォト」アプリで、右上のユーザー
アイコンをタッチし、[フォトの設定]
をタッチします。

(2) [バックアップ] をタッチします。

(3) [バックアップ] が ● の場合は
タッチします。

(4) ● に切り替わり、バックアップ
と同期がオンになります。[バック
アップの画質] をタッチします。

(5) [元の画質] はもとの画質で、[保
存容量の節約画質] は画質を下
げてGoogleドライブへ保存します。
「節約画質」のほうがより多くの
写真を保存できます。

写真を検索する

(1) 「フォト」アプリを起動し、[検索] をタッチします。

タッチする

(2) [写真を検索] 欄に写真のキーワードを入力し、✓をタッチします。「写真の検索結果を改善するには」の確認画面が表示されたら、ここでは [利用しない] をタッチします。

① 入力する ② タッチする

(3) キーワードに対応した写真の一覧が表示されます。

MEMO 写真内の文字で検索する

手順②の画面でキーワードを入力して、写真に写っている活字やフォントで、写真を検索することもできます。

入力する

写真内の文字が検索される

ドコモのサービスを
利用する

Section **47**   dメニューを利用する

Section **48**   my daizを利用する

Section **49**   My docomoを利用する

Section **50**   d払いを利用する

Section **51**   マイマガジンでニュースをまとめて読む

Section **52**   ドコモデータコピーを利用する

dメニューを利用する

Application

SH-53Cでは、ドコモのポータルサイト「dメニュー」を利用できます。
dメニューでは、ドコモのサービスにアクセスしたり、メニューリスト
からWebページやアプリを探したりできます。

メニューリストからWebページを探す

① ホーム画面で [dメニュー] をタッチします。「dメニューお知らせ設定」画面が表示された場合は、[OK] をタッチします。

タッチする

② 「Chrome」アプリが起動し、dメニューが表示されます。[すべてのサービス] をタッチします。

タッチする

③ サービスの一覧が表示されます。[メニューリスト] をタッチします。

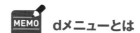

タッチする

MEMO dメニューとは

dメニューは、ドコモのスマートフォン向けのポータルサイトです。ドコモおすすめのアプリやサービスなどをかんたんに検索したり、利用料金の確認などができる「My docomo」(Sec.49参照) にアクセスしたりできます。

④ 「メニューリスト」画面が表示されます。画面を上方向にスクロールして、閲覧したいジャンルをタッチします。

① スクロールする

② タッチする

⑤ 一覧から、閲覧したいWebページのタイトルをタッチします。アクセス許可の確認が表示された場合は、[許可] をタッチします。

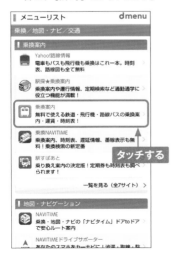

タッチする

⑥ 目的のWebページが表示されます。◀を何回かタッチすると、一覧に戻ります。

タッチする

MEMO　マイメニューの利用

P.140手順③で [マイメニュー] をタッチしてdアカウントでログインすると、「マイメニュー」画面が表示されます。登録したアプリやサービスの継続課金一覧、dメニューから登録したサービスやアプリを確認できます。

6

Section **48**

my daizを利用する

Application

my daiz

「my daiz」は、話しかけるだけで情報を教えてくれたり、ユーザーの行動に基づいた情報を自動で通知してくれたりするサービスです。使い込めば使い込むほど、さまざまな情報を提供してくれます。

my daizを準備する

(1) ホーム画面でmy daizのキャラクターアイコンをタッチします。

タッチする

(3) 「ご利用にあたって」画面が表示された場合は、[上記事項に同意する]をタッチしてチェックを付け、[同意する] をタッチします。

①チェックを付ける ②タッチする

(2) 初回起動時は、許可に関する画面などが表示されるので、画面の指示に従って操作します。

タッチする

(4) 設定が完了して、my daizが利用できるようになります。

142

my daizを利用する

(1) ホーム画面でmy daizのキャラクターアイコンをタッチします。

(2) my daizの対話画面が開きます。

(3) 画面に向かって話しかけます。ここでは、「最新のニュースは」と話します。

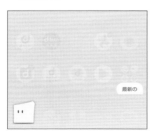

(4) 最新のニュースの一覧が表示されます。そのほかにも、アラームをセットしたり、現在地周辺の施設を探したりと、いろいろなことができるので試してみましょう。

6

MEMO テキストを入力する

「テキストを入力」欄にテキストを入力して、キャラクターに指示することもできます。

入力する

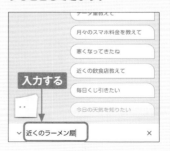

Section **49**

My docomoを
利用する

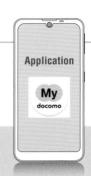

Application

My docomo

「My docomo」では、契約内容の確認・変更などのサービスが
利用できます。My docomoを利用する際は、dアカウントのパスワー
ド（Sec.12参照）が必要です。

契約情報を確認・変更する

① P.140手 順 ② の 画 面 で ［My
docomo］をタッチします。

② dアカウントのログイン画面が表示
されたら、［(dアカウント名）でロ
グインする］をタッチします。ログ
イン済みの場合は手順⑤に移行
します。

③ dアカウントのパスワードを入力し、
［パスワード確認］をタッチします。

④ dアカウントの認証の画面が表示
されたら、画面の指示に従って認
証の操作をします。

144

5 「My docomo」画面が開いたら [お手続き] をタッチし、画面を上方向にスクロールします。

6 「カテゴリから探す」の [契約・料金] をタッチします。

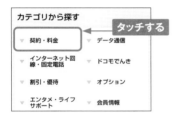

7 「契約・料金」の [ご契約内容確認・変更] をタッチして展開します。

8 表示された [確認・変更する] をタッチします。

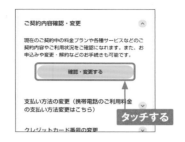

9 「ご契約内容確認・変更」画面を上方向へスクロールします。

6

10 [オプション] をタッチして展開します。

⑪ 有料オプションサービスの契約状況が表示されます。申し込みや解約をしたいサービスの［申込］または［解約］をタッチします。

⑫ 画面を上方向にスクロールして、契約内容を確認します。

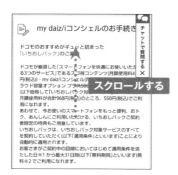

⑬ 「お手続き内容確認」にチェックが付いていることを確認して、画面を上方向にスクロールします。

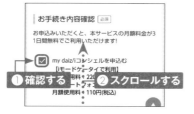

⑭ 受付確認メールの送信先をタッチして選択し、［次へ進む］をタッチします。

⑮ 確認画面が表示されるので、［はい］をタッチします。

⑯ ［開いて確認］をタッチして注意事項を確認し、チェックボックスにチェックを付け、［同意して進む］→［この内容で手続きを完了する］の順でタッチすると、手続きが完了します。

6

ドコモのアプリをアップデートする

(1) 設定メニューで [ドコモのサービス/クラウド] をタッチします。

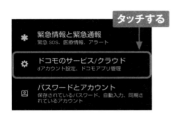

(2) 「ドコモのサービス/クラウド」画面で [ドコモアプリ管理] をタッチします。

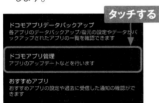

(3) 「ドコモアプリ管理」画面で [すべてアップデート] をタッチします。

(4) それぞれのアプリで「ご確認」画面が表示されたら、[同意する] をタッチします。

(5) アプリのアップデートが開始します。

Application

d払い

d払いを利用する

「d払い」は、NTTドコモが提供するキャッシュレス決済サービスです。お店でバーコードを見せるだけでスマホ決済を利用できるほか、Amazonなどのネットショップの支払いにも利用できます。

d払いとは

「d払い」は、以前からあった「ドコモケータイ払い」を拡張して、ドコモ回線ユーザー以外も利用できるようにした決済サービスです。ドコモユーザーの場合、支払い方法に電話料金合算払いを選べ、より便利に使えます（他キャリアユーザーはクレジットカードが必要）。

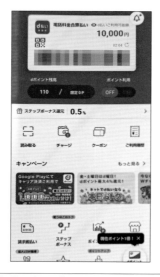

「d払い」アプリでは、バーコードを見せるか読み取ることで、キャッシュレス決済が可能です。支払い方法は、電話料金合算払い、d払い残高（ドコモ口座）、クレジットカードから選べるほか、dポイントを使うこともできます。

左の画面で［クーポン］をタッチすると、店頭で使える割り引きなどのクーポンの情報が一覧表示されます。ポイント還元のキャンペーンはエントリー操作が必須のものが多いので、こまめにチェックしましょう。

d払いの初期設定をする

1 Wi-Fiに接続している場合はP.182を参考にWi-Fiをオフにしてから、ホーム画面で［d払い］をタッチします。

タッチする

2 サービスの紹介の画面で［次へ］を2回タッチし、［はじめる］→［OK］→［アプリの使用時のみ］の順にタッチします。

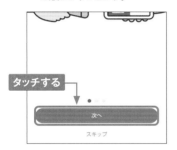

タッチする

次へ

スキップ

3 「ご利用規約」画面をよく読み、［同意して次へ］をタッチします。

タッチする

同意して次へ

4 「ログイン」画面で、spモードパスワード（P.36参照）の入力や生体認証などで、dアカウントの認証を行います。d払いについての説明が続くので、［次へ］をタッチして進めます。

以下の認証を行いますか？
機器（ブラウザ）：
2022/12/16 11:07:10
Google Chrome

画面が切り替わります。

※通知が届かない場合は、以下の手順をお試しください。
dアカウント設定アプリ＞「その他機能」＞「認証要求の確認」

5 「ご利用設定」画面で［次へ］をタッチし、使い方の説明で［次へ］を何度かタッチして［はじめる］をタッチすると、利用設定が完了します。

お店でバーコードを見せて
お買い物してみましょう♪

タッチする

はじめる

MEMO dポイントカード

「d払い」アプリの画面右下の［dポイントカード］をタッチすると、モバイルdポイントカードのバーコードが表示されます。dポイントカードが使える店では、支払い前にdポイントカードを見せてd払いにすることで、二重にdポイントを貯めることが可能です。

Section **51**

マイマガジンで
ニュースをまとめて読む

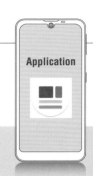

Application

マイマガジンは、自分で選んだジャンルのニュースが自動で表示される無料のサービスです。読むニュースの傾向に合わせて、より自分好みの情報が表示されるようになります。

好きなニュースを読む

(1) ホーム画面で🗞をタッチします。

タッチする

(2) 初回に「マイマガジンへようこそ」画面が表示されたら、[規約に同意して利用を開始]をタッチします。

タッチする

(3) 画面を左右にフリックして、ニュースのジャンルを切り替え、読みたいニュースをタッチします。

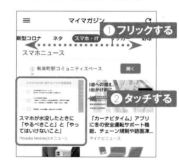

①フリックする

②タッチする

(4) ニュースの冒頭の部分が表示されます。[元記事サイトへ]をタッチします。

タッチする

6

150

5 元記事のWebページが表示されて、全文を読むことができます。画面右下の🌐をタッチします。

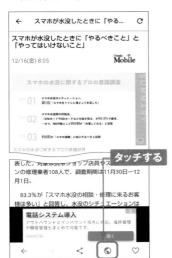

タッチする

6 「Chrome」アプリで元記事のWebページが表示されます。

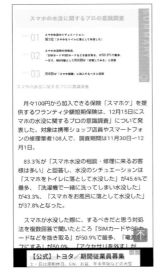

7 手順⑤の画面で右下の♡をタッチすると、表示したニュースをお気に入りに登録できます。既存のお気に入りに登録するほか、お気に入りを新規作成することもできます。

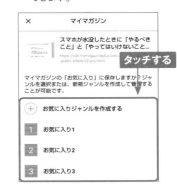

タッチする

MEMO ニュースのジャンルを追加する

ニュースのジャンルを追加するには、P.150手順③の画面で左上の≡→[ジャンル追加]の順にタッチします。「ジャンル追加」画面で追加したいジャンルをタッチし、表示された画面で右上の[追加]をタッチします。

①タッチする

②タッチする

ドコモデータコピーを利用する

Application

ドコモデータコピーでは、電話帳や画像などのデータをmicroSDカードに保存できます。データが不意に消えてしまったときや、機種変更するときにすぐにデータを戻すことができます。

ドコモデータコピーでデータをバックアップする

1 アプリ一覧画面で［ツール］フォルダー→［データコピー］の順でタッチします。表示されていない場合は、P.147を参考にドコモのアプリをアップデートします。

タッチする

2 初回起動時に「ドコモデータコピー」画面が表示された場合は、［規約に同意して利用を開始］をタッチします。

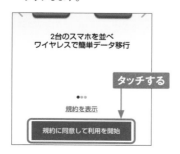

2台のスマホを並べ
ワイヤレスで簡単データ移行

タッチする

規約を表示

規約に同意して利用を開始

3 「ドコモデータコピー」画面で［バックアップ&復元］をタッチします。

タッチする

□→□ データ移行 >

⇄▥ バックアップ&復元 >

? ご利用の前に

4 「アクセス許可」画面が表示されたら［スタート］をタッチし、［許可］を何回かタッチして進みます。

次に表示される確認画面で、アクセスを許可してください

ドコモデータコピーに連絡先へのアクセスを許可しますか？

許可しない　許可

＊すべての機能をご利用いただくには、すべての確認画面で
アクセスを許可いただく必要があります　タッチする

スタート

6

(5) 「暗号化設定」画面が表示されたら、ここではそのまま [設定] をタッチします。

← 暗号化設定

バックアップデータにパスワードの設定と暗号化を行い、セキュリティを高めます

🔒 ↔ 🔓

タッチする

設定

(6) 「バックアップ・復元」画面が表示されたら、[バックアップ] をタッチします。

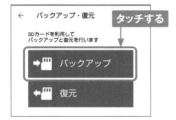

← バックアップ・復元   **タッチする**

SDカードを利用して
バックアップと復元を行います

➡📱 バックアップ

⬅📱 復元

(7) 「バックアップ」画面でバックアップする項目をタッチしてチェックを付け、[バックアップ開始] をタッチします。

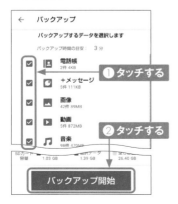

← バックアップ

バックアップするデータを選択します

バックアップ時間の目安: 3分

☑ 📇 電話帳
2件 4KB   **❶ タッチする**

☑ 💬 +メッセージ
5件 111KB

☑ 🖼 画像
42件 89MB

☑ ▶ 動画
5件 872MB

☑ 🎵 音楽   **❷ タッチする**
98件 470MB

SDカード
容量 1.03 GB   1.39 GB   26.40 GB

バックアップ開始

(8) 「確認」画面で [開始する] をタッチします。

☑ 🖼 画像
42件 89MB   **タッチする**

💬 動画

確認
選択したデータのバックアップを開始しますか?

キャンセル   開始する

(9) バックアップが開始します。

バックアップ実行中

⚠ SDカードを抜かないでください

完了までおよそ   **3分**

✓ 📇 電話帳

✓ 💬 +メッセージ

◯ 🖼 画像
実行中

▶ 動画

(10) バックアップが完了したら、[トップに戻る] をタッチします。

バックアップ完了

バックアップが完了しました
バックアップの結果をご確認ください

✓ 📇 電話帳
2/2件

✓ 💬 +メッセージ
5/5件

✓ 🖼 画像
42/42件

✓ ▶ 動画
5/5件

✓ 🎵 音楽   **タッチする**
98/98件

トップに戻る

6

153

ドコモデータコピーでデータを復元する

1 P.153手順⑥の画面で[復元]をタッチします。

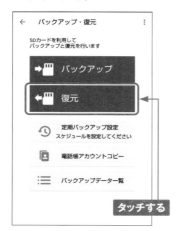

2 復元するデータをタッチしてチェックを付け、[次へ]をタッチします。

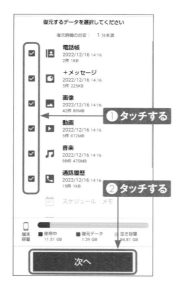

3 データの復元方法を確認して[復元開始]をタッチします。[復元方法を変更する場合はこちら]をタッチすると、データを上書きするか追加するかを選べます(初期状態は「上書き」)。

4 「確認」画面が表示されるので、[開始する]をタッチします。

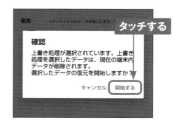

5 データの復元が開始します。

154

SH-53Cを使いこなす

Section 53 ホーム画面をカスタマイズする

Section 54 壁紙を変更する

Section 55 不要な通知を表示しないようにする

Section 56 画面ロックに暗証番号を設定する

Section 57 指紋認証で画面ロックを解除する

Section 58 顔認証で画面ロックを解除する

Section 59 スクリーンショットを撮る

Section 60 スリープモードになるまでの時間を変更する

Section 61 リラックスビューを設定する

Section 62 電源キーの長押しで起動するアプリを変更する

Section 63 アプリのアクセス許可を変更する

Section 64 エモパーを活用する

Section 65 画面のダークモードをオフにする

Section 66 おサイフケータイを設定する

Section 67 バッテリーや通信量の消費を抑える

Section 68 Wi-Fiを設定する

Section 69 Wi-Fiテザリングを利用する

Section 70 Bluetooth機器を利用する

Section 71 SH-53Cをアップデートする

Section 72 SH-53Cを初期化する

ホーム画面を
カスタマイズする

Application

ホーム画面には、アプリアイコンを配置したり、フォルダを作成してアプリアイコンをまとめることができます。よく使うアプリのアイコンをホーム画面に配置して、使いやすくしましょう。

アプリアイコンをホーム画面に追加する

(1) アプリ一覧画面を表示します。ホーム画面に追加したいアプリアイコンをロングタッチして、[ホーム画面に追加]をタッチします。

(2) ホーム画面にアプリアイコンが追加されます。

(3) アプリアイコンをロングタッチしてそのままドラッグすると、好きな場所に移動することができます。

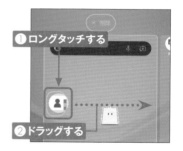

(4) アプリアイコンをロングタッチして、画面上部に表示される[削除]までドラッグすると、アプリアイコンをホーム画面から削除することができます。

フォルダを作成する

(1) ホーム画面のアプリアイコンをロングタッチして、フォルダに追加したいほかのアプリアイコンの上にドラッグします。

ドラッグする

(2) 確認画面が表示されるので、[作成する]をタッチします。

タッチする

フォルダの作成
フォルダを作成しますか？

キャンセル　作成する

(3) フォルダが作成されます。

(4) フォルダをタッチすると開いて、フォルダ内のアプリアイコンが表示されます。

(5) 手順④で[名前の編集]をタッチすると、フォルダに名前を付けることができます。

入力する

docomoのアプリ

の　。　です　！　ゲーム　が　∨

MEMO ドックのアイコンの入れ替え

ホーム画面下部にあるドックのアイコンは、入れ替えることができます。アイコンを任意の場所にドラッグし、代わりに配置したいアプリのアイコンを移動します。

ドラッグする

壁紙を変更する

ホーム画面では、撮影した写真など、SH-53C内に保存されている画像を壁紙に設定することができます。ロック画面の壁紙も同様の操作で変更することができます。

壁紙を変更する

1 ホーム画面の何もないところをロングタッチします。

ロングタッチする

2 表示されたメニューの [壁紙] をタッチします。

タッチする

3 [フォト] をタッチし、[1回のみ] または [常時] をタッチします。

① タッチする

アプリケーションを選択

フォト

My AQUOS
My AQUOSからダウンロード

プリセット壁紙

Live Wallpaper Picker
ライブ壁紙

② タッチする

ロック・ホームフォトシャッフル

1回のみ　常時

4 「写真を選択」画面では、ここでは [カメラ] をタッチします。

← 写真を選択

写真
23個の項目

デバイスのフォルダ

カメラ
23個の項目

Download
3個の項目

タッチする

Screenshots

5 壁紙にする写真を選んでタッチします。許可に関する画面が表示されたら、[次へ] → [許可] の順でをタッチします。

6 ここではホーム画面に壁紙を設定するので、[ホーム画面] をタッチします。[ロック画面] や [ホーム画面とロック画面]をタッチして、ロック画面の壁紙を設定することもできます。

7 表示された写真上を左右にドラッグして位置を調整し、[保存]をタッチします。

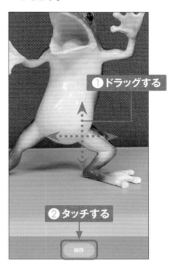

8 ホーム画面の壁紙に写真が表示されます。

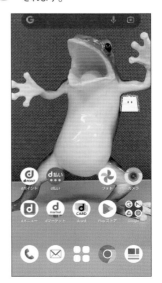

不要な通知を表示しない ようにする

Application

通知はホーム画面やロック画面に表示されますが、アプリごとに通知のオン／オフを設定することができます。また、ステータスパネルから通知を選択して、通知をオフにすることもできます。

アプリからの通知をオフにする

1 設定メニューで［通知］→［アプリの設定］の順でタッチします。

2 「アプリの通知」画面で［新しい順］→［すべてのアプリ］の順でタッチします。

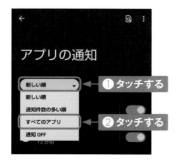

3 通知をオフにしたいアプリ（ここでは［+メッセージ］）をタッチします。

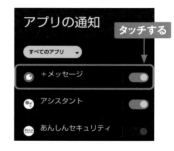

4 ［〜のすべての通知］をタッチすると が に切り替わり、すべての通知が表示されなくなります。各項目をタッチして、個別に設定することもできます。

ステータスパネルで通知をオフにする

(1) ステータスバーを下方向にドラッグします。

(2) 通知をオフにしたいアプリの通知を左方向にフリックします。

(3) [通知をオフにする] をタッチします。

(4) [〜のすべての通知] をタッチして ● を ● に切り替え、[完了] をタッチします。

MEMO ロック画面での通知の非表示

P.160手順①の画面で [ロック画面上の通知] をタッチして、[通知を表示しない]をタッチすると、ロック画面に通知が表示されなくなります。

7

画面ロックに暗証番号を設定する

Application

SH-53Cは「PIN」（暗証番号）を使用して画面にロックをかけることができます。なお、ロック画面の通知の設定が行われるので、変更する場合はP.161MEMOを参照してください。

画面ロックに暗証番号を設定する

1 設定メニューを開いて、［セキュリティ］→［画面ロック］の順にタッチします。

2 ［PIN］をタッチします。「PIN」とは画面ロックの解除に必要な暗証番号のことです。

3 テンキーボードで4桁以上の数字を入力し、→Iをタッチします。次の画面でも再度同じ数字を入力し、［確認］をタッチします。

4 ロック画面の通知についての設定が表示されます。表示する内容をタッチしてオンにし、［完了］をタッチすると、設定完了です。

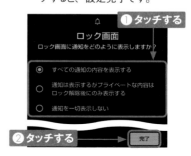

🔒 暗証番号で画面のロックを解除する

(1) スリープモード（P.10参照）の状態で、電源キーを押します。

押す

(2) ロック画面が表示されます。画面を上方向にスワイプします。

9:05
12/19 月曜日

スワイプする

- USB デバッグが接続されました
  USB デバッグを無効にするにはここを
- おすすめ使い方ヒント
  あなたの操作にあわせてヒントを表示
- あんしんセキュリティ・現在
  あんしんセキュリティは有効な状態で...

(3) P.162手順③で設定した暗証番号（PIN）を入力して➔をタッチすると、画面のロックが解除されます。

①入力する

1	2	3
4	5	6
7	8	9
⌫	0	➔

緊急通報　**②タッチする**

7

> **MEMO** 暗証番号の変更
>
> 設定した暗証番号を変更するには、P.162手順①で［画面ロック］をタッチし、現在の暗証番号を入力して［次へ］をタッチします。表示される画面で［PIN］をタッチすると、暗証番号を再設定できます。暗証番号が設定されていない初期の状態に戻すには、［スワイプ］をタッチします。
>
>
>
> 新しい画面ロックの選択
>
> 🔓 スワイプ
>
> ⋮⋮⋮ パターン
>
> **タッチする**

Section **57**

指紋認証で
画面ロックを解除する

Application

SH-53Cは「指紋センサー」を使用して画面ロックを解除することができます。指紋認証の場合は、予備の解除方法を併用する必要があります。

指紋を登録する

① 設定メニューを開いて、[セキュリティ] をタッチします。

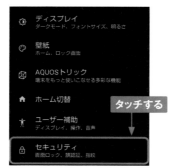

- ⑩ ディスプレイ
  ダークモード、フォントサイズ、明るさ
- ⑫ 壁紙
  ホーム、ロック画面
- ⑭ AQUOSトリック
  端末をもっと使いこなせる多彩な機能
- ♠ ホーム切替 **タッチする**
- 🕴 ユーザー補助
  ディスプレイ、操作、音声
- 🔒 セキュリティ
  画面ロック、顔認証、指紋

② [指紋] → [指紋登録] の順でタッチします。

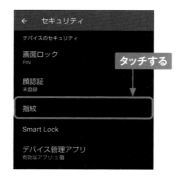

← セキュリティ

デバイスのセキュリティ

画面ロック
PIN
タッチする

顔認証
未登録

指紋

Smart Lock

デバイス管理アプリ
有効なアプリ：2個

③ 指紋は予備のロック解除方法と合わせて登録する必要があります。ロック解除方法を設定していない場合は、いずれかの解除方法を選択します。ここでは [指紋+PIN] をタッチします。

画面ロックの選択

予備の画面ロック方式を選択してく **タッチする**

⠿ 指紋 + パターン

⠿ 指紋 + PIN

⠿ 指紋 + パスワード

④ P.162手順③を参考に、暗証番号 (PIN) を設定します。

指紋認証には PIN が必要です
セキュリティ強化のため、予備の画面ロックを
設定してください

‥‥

❶ 入力する

❷ タッチする → 次へ

7

5 ロック画面に表示させる通知の種類をタッチして選択し、[完了]をタッチします。

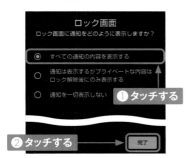

6 [同意する] → [次へ] の順にタッチします。

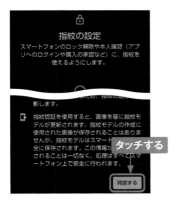

7 指紋センサーに指を押し当て、本体が振動するまで静止します。

8 「指紋の登録完了」と表示されたら、[完了]をタッチします。

9 スリープ中やロック中の画面で、指紋を登録した指で指紋センサーに触れると、画面ロックが解除されます。

MEMO　Payトリガー

Payトリガーは、指紋センサーを長押しすると電子決済アプリを起動できるAQUOSの独自機能です。設定メニューから[AQUOSトリック] → [指紋センサーとPayトリガー] → [Payトリガー] → [起動アプリ] の順でタッチして、使用する決算系アプリを選択して設定します。

7

顔認証で画面ロックを
解除する

Application

SH-53Cでは顔認証を利用してロックの解除などを行うこともできます。ロック画面を見るとすぐに解除するか、時計や通知を見てから解除するかを選択できます。

顔データを登録する

(1) 設定メニューを開いて、[セキュリティ] → [顔認証] の順にタッチします。PINなど、予備の解除方法を設定していない場合は、P.162を参考に設定します。

(2) 「顔認証によるロック解除」画面が表示されます。[次へ][OK][アプリの使用時のみ] などをタッチして進みます。

(3) SH-53Cに顔をかざすと、自動的に認識されます。「マスクをしたままでも顔認証」画面が表示されたら、[有効にする] または [スキップ] をタッチします。

(4) 「ロック画面の解除タイミング」画面が表示されたら、[OK] をタッチします。

顔認証の設定を変更する

1 P.166手順①の画面を表示し、[顔認証]をタッチします。ロック解除の操作を行います。

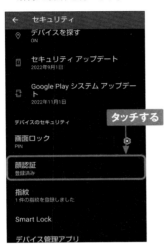

2 「顔認証」画面が表示され、ロックの解除タイミングの設定や顔データの削除を行えます。

3 ここでは[画面の表示（時計や通知など）を見てから]をタッチします。

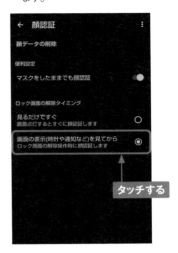

MEMO 顔データの削除

顔データは1つしか登録できないので、顔データを更新したい場合は、前のデータを先に削除する必要があります。手順②の画面で[顔データの削除]→[はい]の順にタッチすることで、顔データが削除されます。

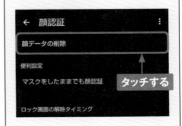

Application

スクリーンショットを撮る

「Clip Now」を利用すると、画面をスクリーンショットで撮影（キャプチャ）して、そのまま画像として保存できます。画面の縁をなぞるだけでよいので、手軽にスクリーンショットが撮れます。

Clip Nowをオンにする

1 ホーム画面を左方向に2回フリックし、[AQUOSトリック] をタッチします。

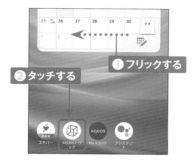

① フリックする
② タッチする

2 「AQUOSトリック」画面で [Clip Now] をタッチします。説明が表示されたら [閉じる] をタッチします。

← AQUOSトリック

Clip Now
画面をなぞるとスクリーンショットがとれます

タッチする

3 [Clip Now] をタッチしてオンにします。アクセス許可に関する画面が表示されたら、[次へ] や [許可] をタッチします。

← Clip Now

タッチする

画面の隅から中心に向かってスワイプするとスクリーンショットが撮れます

Clip Now

使い方ガイド

MEMO キーを押してスクリーンショットを撮る

音量キーの下側と電源キーを同時に1秒以上長押しして、画面のスクリーンショットを撮ることもできます。スクリーンショットは、SH-53C内の「Pictures」－「Screenshots」フォルダに画像ファイルとして保存され、「フォト」アプリなどで見ることができます。

スクリーンショットを撮る

(1) 画面の上端をタッチします。

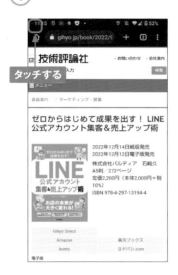

タッチする

(2) 一瞬ブルっと震えたら、画面の中心に向かってスライドします。

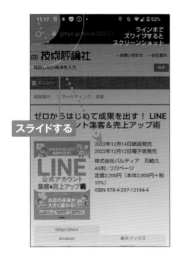

スライドする

(3) 画面下方にキャプチャした画像のサムネイルが表示されます。[編集]をタッチします。「フォトで編集」の確認画面が表示されるので、ここでは[1回のみ]をタッチします。

タッチする

(4) 「フォト」アプリで画像が表示されます。その後も、通常の写真と同様に「フォト」アプリで見ることができます。

7

スリープモードになるまでの時間を変更する

Application

初期設定では、SH-53Cは何も操作をしないと30秒でスリープモード（P.10）になるよう設定されています。スリープモードになるまでの時間は変更できます。

スリープモードになるまでの時間を変更する

(1) 設定メニューで［ディスプレイ］をタッチします。

バッテリー
59%・完了まであと 4 時間 22 分

ストレージ
使用済み 21%・空き容量 101 GB

タッチする

音
音量、バイブレーション、サイレントモード

ディスプレイ
ダークモード、フォントサイズ、明るさ

壁紙
ホーム、ロック画面

AQUOSトリック
端末をもっと使いこなせる多彩な機能

(2) ［画面消灯（スリープ）］をタッチします。

← ディスプレイ

ディスプレイのロック

タッチする

ロック画面
すべての通知の内容を表示する

画面消灯 (スリープ)
操作が行われない状態で 10 分経過後

画面消灯中の充電表示
充電中の電池残量などの状態を画面消灯中でも表示する

デザイン

ダークモード

(3) スリープモードになるまでの時間は7段階から選択できます。

画面消灯 (スリープ)

○ 15秒

○ 30秒

⊙ 1分

○ 2分

○ 5分

○ 10分

(4) スリープモードに移行するまでの時間をタッチして設定します。

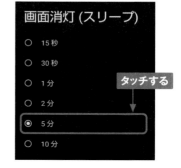

画面消灯 (スリープ)

○ 15秒

○ 30秒

○ 1分

タッチする

○ 2分

⊙ 5分

○ 10分

7

リラックスビューを設定する

Application

「リラックスビュー」を設定すると、画面が黄色味がかった色合いになり、薄明りの中でも画面が見やすくなって、目が疲れにくくなります。暗い室内で使うと効果的です。

リラックスビューを設定する

(1) P.170手順②の画面で［リラックスビュー］をタッチします。

タッチする

(2) 表示された画面で［リラックスビューを使用］をタッチすると、リラックスビューが有効になります。

タッチする

(3) 「輝度」の◯を左右にドラッグすることで、色合いを調節できます。

ドラッグする

MEMO リラックスビューの自動設定

手順②の画面で［スケジュール］をタッチすると、リラックスビューに自動的に切り替わる時間を設定できます。また、［指定した時間にON］をタッチして時間を設定することもできます。

電源キーの長押しで
起動するアプリを変更する

Application

SH-53Cの操作中に電源キーを長押しすると、初期状態では「ア
シスタント」アプリが起動します。設定を変更して、よく使うアプリ
を電源キーから起動できるようにすると便利です。

クイック操作を設定する

(1) ホーム画面を左方向に2回フリッ
クし、[AQUOSトリック]をタッチ
します。

タッチする

(2) 「AQUOSトリック」画面で[クイッ
ク操作]をタッチします。

AQUOSトリック

タッチする

ゲーミングメニュー
ゲーム中に役立つ機能が設定できます

クイック操作
やりたいことがすぐにできる操作設定です

AQUOSの基本的な使い方

(3) [長押しでアプリ起動]をタッチし
ます。

端末の電源キーやナビゲーションなどの操作設定
を、すばやく操作できる様にカスタマイズできま
す

電源キー

長押しでアプリ起動
アシスタント

2回押しでカメラの起動
OFF

タッチする

ナビゲーションキー

システム ナビゲーション

(4) 電源キーを長押しすると起動する
アプリを選んでタッチします。

← 長押しでアプリ起動

お支払い時に便利なアプリ

○ dポイントクラブ

◉ d払い

○ GPay Google Pay

○ iDアプリ

タッチする

○ SmartNews

その他のアプリ

○ +メッセージ

アプリのアクセス許可を変更する

Application

アプリの初回起動時にアクセスを許可していない場合、アプリが正常に動作しないことがあります（P.20MEMO参照）。ここでは、アプリのアクセス許可を変更する方法を紹介します。

アプリのアクセスを許可する

1 設定メニューを開いて、[アプリ]をタッチします。「アプリ」画面で[××個のアプリをすべて表示]をタッチします。

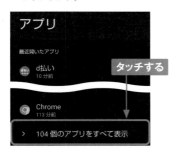

2 「すべてのアプリ」画面が表示されたら、アクセス許可を変更したいアプリ（ここでは[+メッセージ]）をタッチします。

3 「アプリ情報」画面が表示されたら、[権限]をタッチします。

4 「アプリの権限」画面が表示されたら、アクセスを許可する項目をタッチしてオンに切り替えます。

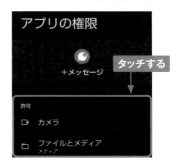

7

エモパーを活用する

Application

SH-53Cには、天気やイベントの情報などを話したり、画面に表示したりして伝えてくれる「エモパー」機能が搭載されています。エモパーを使って音声でメモをとることもできます。

エモパーの初期設定をする

(1) P.172手順①の画面で［エモパー］をタッチして起動します。画面を左方向に4回フリックし、［エモパーを設定する］をタッチします。「エモパーを選ぼう」画面が表示されたら、性別やキャラクターの1つをタッチします。

(3) あなたのプロフィールを設定し、［次へ］をタッチします。

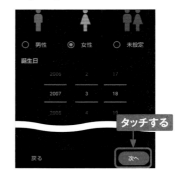

(2) ひらがなで名前を入力し、［次へ］をタッチします。

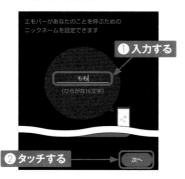

(4) 興味のある話題をタッチしてチェックを付け、［次へ］をタッチします。アクセス許可に関する画面が表示されたら、［アプリの使用時のみ］をタッチします。

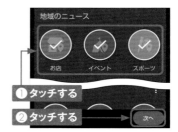

5 自宅を設定します。 住所や郵便番号を入力して🔍をタッチします。

7 「利用規約」画面で [同意する] → [完了] の順でタッチします。COCORO MEMBERSに関する画面で [いますぐ使う (スキップ)] をタッチし、以降は画面の指示に従って許可設定を行います。

8 ロック画面に天気やニュースが表示されるようになります。

6 自宅の位置をタッチし、[次へ] をタッチします。以降は、画面の指示に従って設定を進めます。

MEMO エモパーの しゃべるタイミング

エモパーは、「自宅で、ロック画面中や画面消灯中に端末を水平に置いたとき」「ロック画面で2秒以上振ったとき」「充電を開始/終了したとき」などにしゃべります。基本的にはエモパーがしゃべる場所は自宅のみです。
なお、エモパーの話を止めたいときは、話している最中に端末を裏返すか、近接センサー/明るさセンサー (P.8参照) に手を近づけます。

エモパーを利用する

(1) ロック画面の天気やイベントなどの表示をロングタッチします。

(2) 情報がプレビュー表示されます。手順①で天気やイベントを2回タッチすると、詳細な情報を見ることができます。

(3) P.175手順⑤～⑥で自宅に設定した場所で、ロック画面を右方向にフリックすると、「エモパー」画面が表示されます。

(4) 画面を上方向にフリックし、バブルをタッチすると詳しい情報を見ることができます。

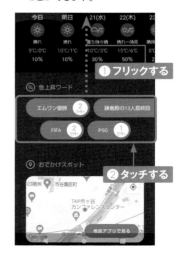

7

画面のダークモードを オフにする

Application

初期状態のSH-53Cでは、黒基調のダークモードが適用されています。目にやさしく、消費電力も抑えられます。黒基調の画面が好みでない場合は、ダークモードをオフにしましょう。

ダークモードをオフにする

(1) 設定メニューで[ディスプレイ]をタッチします。

- バッテリー
  77% · 完了まであと 2 時間 37 分
- ストレージ
  使用済み 21% · 空き容量 101 GB 　**タッチする**
- 音
  音量、バイブレーション、サイレントモード
- ディスプレイ
  ダークモード、フォントサイズ、明るさ
- 壁紙
  ホーム、ロック画面

(2) 「デザイン」の[ダークモード]の ◯ をタッチします。

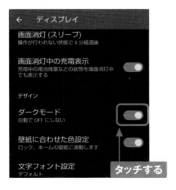

← ディスプレイ

画面消灯 (スリープ)
操作が行われない状態で 5 分経過後

画面消灯中の充電表示
充電中の電池残量などの状態を画面消灯中
でも表示する

デザイン

ダークモード
自動で OFF にしない

壁紙に合わせた色設定
ロック、ホームの壁紙に連動します

文字フォント設定
デフォルト　**タッチする**

(3) スイッチが ◯ に切り替わり、ダークモードがオフになります。

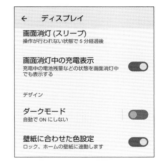

← ディスプレイ

画面消灯 (スリープ)
操作が行われない状態で 5 分経過後

画面消灯中の充電表示
充電中の電池残量などの状態を画面消灯中
でも表示する

デザイン

ダークモード
自動で ON にしない

壁紙に合わせた色設定
ロック、ホームの壁紙に連動します

(4) ダークモードがオフになると、設定メニュー、クイック検索ボックス、フォルダの背景、対応したアプリの画面などが白地で表示されます。

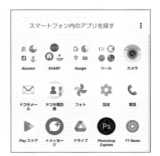

スマートフォン内のアプリを探す

docomo　SHARP　Google　ツール　カメラ

ドコモメール　ドコモ電話帳　フォト　設定　電話

Play ストア　+メッセージ　ドライブ　Photoshop Express　YT Music

7

177

おサイフケータイを
設定する

SH-53Cはおサイフケータイ機能を搭載しています。電子マネーの
楽天Edy、WAON、QUICPay、モバイルSuica、各種ポイントサー
ビス、クーポンサービスに対応しています。

Application

おサイフケータイの初期設定をする

① アプリ一覧画面の「ツール」フォ
ルダを開き、[おサイフケータイ]
をタッチします。

② 初回起動時はアプリの案内が表
示されるので、[次へ]をタッチし
ます。続いて、利用規約が表示
されるので、「同意する」にチェッ
クを付け、[次へ]をタッチします。
「初期設定完了」と表示されたら
[次へ]をタッチします。

③ 「Googleでログイン」についての
画面が表示されたら、[次へ]を
タッチします。

④ Googleアカウントでのログインを
促す画面が表示されたら、[ログ
インはあとで]をタッチします。

5 サービスの一覧が表示されます。ここでは、[楽天Edy]をタッチします。

タッチする

6 詳細が表示されるので、[サイトへ接続]をタッチします。

タッチする

7 「Playストア」アプリの画面が表示されます。[インストール]をタッチします。

タッチする

8 インストールが完了したら、[開く]をタッチします。

タッチする

9 「楽天Edy」アプリの初期設定画面が表示されます。画面の指示に従って初期設定を行います。

7

179

バッテリーや通信量の消費を抑える

Application

「長エネスイッチ」や「データセーバー」をオンにすると、バッテリーや通信量の消費を抑えることができます。状況に応じて活用し、肝心なときにSH-53Cが使えないということがないようにしましょう。

長エネスイッチをオンにする

(1) 設定メニューを開いて、[バッテリー] をタッチします。

(3) [長エネスイッチの使用] をタッチしてオンにします。

(2) [長エネスイッチ] をタッチします。

(4) 必要に応じて、制限したくない項目をタッチしてオフにします。

🔋 データセーバーをオンにする

① 設定メニューを開いて、[ネットワークとインターネット] をタッチします。

設定

Q 設定を検索

📞 電話番号
070-4211-7793

🛜 ネットワークとインターネット
モバイル、Wi-Fi、テザリング

🖥 接続済みのデバイス
Bluetooth、ペア設定

⏤ タッチする

⊞ アプリ
最近使ったアプリ、デフォルトのアプリ

🔔 通知
通知履歴、会話

🔋 バッテリー
89% - 低速充電中

③ [データセーバーを使用] をタッチしてオンにします。[モバイルデータの無制限利用] をタッチします。

データセーバー

データセーバーを使用 ⬤ ⟵

モバイルデータの無制限利用
データセーバーが ON の場合に、無制限のデータ使用を 1 個のアプリに許可します

ⓘ

データセーバーは、一部のアプリによるバックグラウンドでのデータ送受信を停止することでデータ使用量を抑制します。使用中のアプリからデータを送受信することはできますが、その頻度は低くなる場合があります。この影響として、たとえば画像はタップしないと表示されないようになります。

② タッチする　　　**❶ タッチする**

② [データセーバー] をタッチします。

ネットワークとインターネット

🛜 Wi-Fi
ISC2113 ⬤

◢ モバイル ネットワーク
docomo ＋

✈ 機内モード ⬤

◉ テザリング
OFF

○ データセーバー
OFF

⊶ VPN
なし

プライベート DNS
自動

タッチする

④ バックグラウンドでの通信を停止するアプリが表示されます。常に通信を許可するアプリがある場合は、アプリ名をタッチしてオンにします。

モバイルデータの無制限利用

🌑 +メッセージ ⬤

😊 アシスタント ⬤

🛡 あんしんセキュリティ ⬤

🌐 エモパー ⬤

🌑 おサイフケータイ アプリ **タッチする**

🌑 おサイフケータイ 設定アプリ ⬤

🌑 おサイフケータイ Web プラグインセットアップ

181

Section **68**

Application

Wi-Fiを設定する

自宅のアクセスポイントや公衆無線LANなどのWi-Fiネットワークがあれば、5G/4G（LTE）回線を使わなくてもインターネットに接続できます。Wi-Fiを利用することで、より快適にインターネットが楽しめます。

Wi-Fiに接続する

(1) 設定メニューを開いて、[ネットワークとインターネット] をタッチします。

(2) [Wi-Fi] が「OFF」の場合は、⬜をタッチして⬜に切り替えます。[Wi-Fi] タッチします。

(3) 接続先のWi-Fiネットワークをタッチします。

(4) パスワードを入力し、[接続] をタッチすると、Wi-Fiネットワークに接続できます。

Wi-Fiネットワークを追加する

(1) Wi-Fiネットワークに手動で接続する場合は、P.182手順③の画面を上方向にスライドし、画面下部にある[ネットワークを追加]をタッチします。

♡	0000softbank	🔒
♡	MAU-Cert	**タッチする**
♡	MAU-WiFi	🔒
+	ネットワークを追加	🔠+

(2) 「ネットワーク名」にSSIDを入力し、「セキュリティ」の項目をタッチします。

ネットワークを追加

ネットワーク名
gihyonet

セキュリティ
なし

詳細設定

①入力する　**②タッチする**

(3) 適切なセキュリティの種類をタッチして選択します。

ネットワークを追加

ネットワーク名
gihyonet

セキュリティ
なし

Enhanced Open　**タッチする**

WEP

WPA/WPA2-Personal　保存

WPA3-Personal

(4) 「パスワード」を入力して[保存]をタッチすると、Wi-Fiネットワークに接続できます。

ネットワークを追加

ネットワーク名
gihyonet

セキュリティ
WPA/WPA2-Personal　**①入力する**

パスワード
・・・・・・・・・・・

☐ パスワードを表示する

詳細設定　**②タッチする**

キャンセル　保存

📝 MEMO 本体のMACアドレスを使用する

Wi-Fiに接続する際、標準でランダムなMACアドレスが使用されます。アクセスポイントの制約などで、本体の固有のMACアドレスで接続する場合は、手順④の画面で[詳細設定]をタッチし、[ランダムMACを使用]→[デバイスのMACを使用]の順でタッチして切り替えます。固有のMACアドレスは設定メニューの[デバイス情報]をタッチし、「デバイスのWi-Fi MACアドレス」の表示で確認できます。

プライバシー
ランダム MAC を使用（デフォルト）

デバイスの MAC を使用

7

Wi-Fiテザリングを利用する

Application

Wi-Fiテザリングは「モバイルWi-Fiルーター」とも呼ばれる機能です。SH-53Cを経由して、同時に最大10台までのパソコンやゲーム機などをインターネットにつなげることができます。

Wi-Fiテザリングを設定する

(1) 設定メニューを開いて、[ネットワークとインターネット] をタッチします。

(2) [テザリング] をタッチします。

(3) [Wi-Fiテザリング] をタッチします。

(4) [ネットワーク名] と [Wi-Fiテザリングのパスワード] をタッチして、任意のネットワーク名とパスワードを入力します。

(5) ［Wi-Fiテザリングの使用］をタッチ
して、オンに切り替えます。なお、デー
タセーバーがオンの状態では切り替
えができません（P.181参照）。

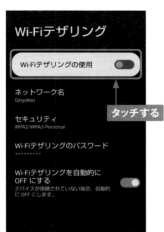

タッチする

(6) Wi-Fiテザリングがオンになると、
ステータスバーにWi-Fiテザリング
中であることを示すアイコンが表
示されます。

アイコンが表示される

(7) Wi-Fiテザリング中は、ほかの機
器からSH-53CのSSIDが見えま
す。SSIDをタッチして、P.184
手順④で設定したパスワードを入
力して接続すると、SH-53C経
由でインターネットにつなげること
ができます。

SH-53CのSSID

MEMO **テザリングオート**

自宅などのあらかじめ設定した
場所を認識して、自動的にテザ
リングのオン／オフを切り替えて
くれる機能です。AQUOSトリッ
クから設定できます（P.172参
照）。

7

Section **70**

Bluetooth機器を利用する

Application

SH-53CはBluetoothとNFCに対応しています。ヘッドセットやスピーカーなどのBluetoothやNFCに対応している機器と接続すると、SH-53Cを便利に活用できます。

Bluetooth機器とペアリングする

(1) あらかじめ接続したいBluetooth機器をペアリングモードにしておきます。アプリ一覧画面で[設定]をタッチして、設定メニューを開きます。

(2) [接続済みのデバイス]をタッチします。

(3) [新しいデバイスとペア設定]をタッチします。

(4) 周囲にあるBluetooth対応機器が表示されます。ペアリングする機器をタッチします。

(5) キーボードやモバイル端末などを接続する場合は、表示されたペアリングコードを相手側から入力します。

(6) 機器との接続が完了します。機器名の右の🔧をタッチします。

タッチする

(7) 利用可能な機能を確認できます。接続を解除するには、[接続]をタッチします。

タッチして解除する

MEMO NFC対応のBluetooth機器を利用する

SH-53Cに搭載されているNFC（近距離無線通信）機能を利用すれば、NFCに対応したBluetooth機器とかんたんにペアリングできます。NFC機能をオンにして（標準でオン）SH-53Cの背面にあるNFC/Felicaのマークを近づけると、ペアリングの確認画面が表示されるので、[はい]などをタッチすれば完了です。SH-53Cを対応機器に近づけるだけで、接続／切断とBluetooth機能のオン／オフが自動で行なわれます。なお、NFC機能を使ってペアリングする場合は、Bluetooth機能をオンにする必要はありません。

SH-53Cを
アップデートする

Application

SH-53Cは本体のソフトウェアを更新することができます。システム
アップデートを行う際は、万一の事態に備えて、Sec.52を参考に
データのバックアップを実行しておきましょう。

システムアップデートを確認する

(1) 設定メニューを開いて、[システム]
をタッチします。

パスワードとアカウント
保存されているパスワード、自動入力、同期されているアカウント

Digital Wellbeing と保護者による
使用制限
利用時間、アプリタイマー、おやすみ時間のスケジュール

タッチする

G Google
サービスと設定

ⓘ システム
言語、ジェスチャー、時間、バックアップ

デバイス情報
AQUOS sense7

(2) [システムアップデート] をタッチし
ます。

← システム

⊕ 言語と入力

ジェスチャー

⊙ 日付と時刻
GMT+09:00 日本標準時
タッチする

☁ バックアップ

システム アップデート
Android 12 に更新済み

데 データ引継
SDカード/Bluetooth経由でのデータの取り込み

(3) システムアップデートの有無が確
認されます。

アップデートを確認していま
す...

(4) アップデートがある場合、画面の
指示に従い、アップデートを開始
します。アップデートの完了後、
本体を再起動します。

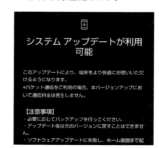

システム アップデートが利用
可能

このアップデートにより、端末をより快適にお使いいただ
けるようになります。
*パケット通信をご利用の場合、本バージョンアップにお
いて通信料金は発生しません。

【注意事項】
・必要に応じてバックアップを行ってください。
・アップデート後は元のバージョンに戻すことはできませ
ん。
・ソフトウェアアップデートに失敗し、ホーム画面まで起

7

Section 72

SH-53Cを初期化する

Application

SH-53Cの動作が不安定なときは、本体を初期化すると改善する場合があります。重要なデータを残したい場合は、事前にSec.52を参考にデータのバックアップを実行しておきましょう。

SH-53Cを初期化する

(1) 設定メニューを開いて、[システム]→[リセットオプション]の順にタッチします。

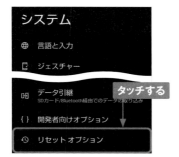

システム

⊕ 言語と入力

🗅 ジェスチャー

🔛 データ引継
SDカード/Bluetooth経由でのデータの取り込み

{} 開発者向けオプション

↺ リセット オプション

→ タッチする

(2) [全データを消去(出荷時リセット)]をタッチします。

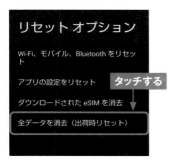

リセット オプション

Wi-Fi、モバイル、Bluetooth をリセット

アプリの設定をリセット

ダウンロードされた eSIM を消去

全データを消去(出荷時リセット)

タッチする

(3) メッセージを確認して、[すべてのデータを消去]をタッチします。画面ロックにPINを設定している場合(Sec.56参照)、PINの確認画面が表示されます。

🗑

全データを消去(出荷時リセット)

この操作を行うと、以下のような撮影した写真などの内部ストレージの全データが消去されます。また、この端末で暗号化したSDカード内のデータは利用できなくなります。

☐ SDカード内のデータを消去
SDカード内の全データ(音楽、画像など)を消去します

すべてのデータを消去

タッチする

(4) この画面で[すべてのデータを消去]をタッチすると、SH-53Cが初期化されます。

🗑

すべてのデータを消去します
か?

SIM情報(電話番号など)が削除されます。

すべてのデータを消去

タッチする

7

索引

記号・数字・アルファベット

＋メッセージ ······························· 75, 88
12キーボード ···································· 25
5G ·· 9
AIの自動認識 ·································· 130
AIライブシャッター ························· 130
Android ·· 8
Bluetooth ····································· 186
Chromeアプリ ································· 66
Clip Now ······································ 168
dアカウント ····································· 36
d払い ·· 148
dポイントカード ······························ 149
dマーケット ····································· 36
dメニュー ······································ 140
Gboard ··· 24
Gmail ··· 92
Google ··· 98
Google Keep ································· 116
Google Lens ·································· 129
Google Play ··································· 102
Google Playギフトカード ················ 106
Googleアカウント ···························· 32
Google音声入力 ······························ 24
Googleカレンダー ··························· 116
Googleドライブ ······························ 116
Google翻訳 ··································· 116
Googleフォト ···························· 132, 137
Googleマップ ································· 108
MACアドレス ·································· 183
my daiz ·· 142
My docomo ··································· 144
NFC ··· 187
Payトリガー ··································· 165
PCメール ·· 94
PIN ·· 162
Photoshop Express ······················ 135
QWERTYキーボード ························· 25
SMS ···································· 47, 74, 88
spモードパスワード ······················ 36, 41
S-Shoin ·· 24
USB Type-C接続端子 ······················· 8
Webページを閲覧 ···························· 66

Webページを検索 ···························· 68
Wi-Fi ··· 182
Wi-Fiテザリング ····························· 184
Yahoo!メール ··································· 94
YouTube ······································ 114
YouTube Music ····························· 120

あ行

アップデート ······················ 105, 147, 188
アプリ ··· 20
アプリアイコン ··························· 14, 156
アプリ一覧画面 ································· 20
アプリ一覧ボタン ·························· 14, 20
アプリのアクセス許可 ················· 20, 173
アプリの切り替え ······························ 21
アプリの終了 ···································· 21
アプリを検索 ·································· 102
アンインストール ····························· 105
暗証番号 ······································ 162
位置情報 ······································ 108
インストール ·································· 104
ウィジェット ···································· 22
絵文字 ·· 29
エモパー ······································ 174
おサイフケータイ ···························· 178
お知らせアイコン ······························ 16
音楽を聴く ····································· 120
音声入力 ··· 24
音量の調整 ······································ 62

か行

顔認証 ·· 166
顔文字 ·· 29
壁紙 ··· 158
カメラ ·· 122
記号 ··· 29
クイック検索ボックス ························ 14
クイック操作 ·································· 172
コピー ·· 30

さ行

指紋認証	164
写真の検索	138
写真の撮影	122
写真の編集	134
初期化	189
スクリーンショット	168
ステータスアイコン	16
ステータスバー	14, 16
ステータスパネル	18
スライド	13
スリープモード	10, 170
スワイプ	13
「設定」画面	126
設定メニュー	20, 32
操作音	64

た行

ダークモード	177
タッチ	13
タッチパネル	8, 13
タブ	70
着信音	61
着信拒否	58
通知	17
通知音	60
通知をオフ	160
データセーバー	181
テザリングオート	185
デバイスを探す	112
電源キー	8, 10
電源を切る	11
伝言メモ	48
電話を受ける	45
電話をかける	44
動画のフォーカス再生	136
動画の撮影	123
動画の編集	136
トグル入力	26
ドコモアプリ	147
ドコモデータコピー	152
ドコモ電話帳	52

ドコモメール	76
ドック	14, 157
ドラッグ	13

な・は行

長エネスイッチ	180
ナビゲーションバー	12
日本語S-Shoin	24
ネットワーク暗証番号	36
パソコンと接続	118
バックアップ	152
ピンチアウト／ピンチイン	13
フォトアプリ	132, 137
フォルダ	14, 157
復元	154
ブックマーク	72
フリック	13
フリック入力	26
ペースト	31
ホーム画面	14, 156
ホームキー	12

ま・や・ら行

マイマガジン	150
マチキャラ	14
マナーモード	63
迷惑メール	86
メールの自動振分け	84
戻るキー	12
有料アプリ	106
ラジスマ	121
リラックスビュー	171
履歴	46
履歴キー	12
ルートを検索	110
留守番電話	48
ロケーション履歴	108
ロック画面	10, 163
ロック画面の通知を非表示	161
ロックを解除	10
ロングタッチ	13

お問い合わせについて

本書に関するご質問については、本書に記載されている内容に関するもののみとさせていただきます。本書の内容と関係のないご質問につきましては、一切お答えできませんので、あらかじめご了承ください。また、電話でのご質問は受け付けておりませんので、必ずFAXか書面にて下記までお送りください。
なお、ご質問の際には、必ず以下の項目を明記していただきますようお願いいたします。

1 お名前
2 返信先の住所またはFAX番号
3 書名
　（ゼロからはじめる ドコモ AQUOS sense7 SH-53C スマートガイド）
4 本書の該当ページ
5 ご使用のソフトウェアのバージョン
6 ご質問内容

なお、お送りいただいたご質問には、できる限り迅速にお答えできるよう努力いたしておりますが、場合によってはお答えするまでに時間がかかることがあります。また、回答の期日をご指定なさっても、ご希望にお応えできるとは限りません。あらかじめご了承くださいますよう、お願いいたします。ご質問の際に記載いただきました個人情報は、回答後速やかに破棄させていただきます。

■ お問い合わせの例

FAX

1 お名前
　技術 太郎
2 返信先の住所またはFAX番号
　03-XXXX-XXXX
3 書名
　ゼロからはじめる
　ドコモ AQUOS sense7
　SH-53C スマートガイド
4 本書の該当ページ
　20ページ
5 ご使用のソフトウェアのバージョン
　Android 12
6 ご質問内容
　手順3の画面が表示されない

お問い合わせ先

〒 162-0846
東京都新宿区市谷左内町 21-13
株式会社技術評論社　書籍編集部
「ゼロからはじめる ドコモ AQUOS sense7 SH-53C スマートガイド」質問係
FAX番号　03-3513-6167
URL：https://book.gihyo.jp/116/

ゼロからはじめる

ドコモ AQUOS sense7 SH-53C スマートガイド
アクオス　　　センスセブン　　　エスエイチゴーサンシー

2023年 2月11日　初版　第1刷発行
2023年 8月 2日　初版　第2刷発行

著者 ……………………………… 技術評論社編集部
発行者 …………………………… 片岡　巌
発行所 …………………………… 株式会社 技術評論社
　　　　　　　　　　　　　　　東京都新宿区市谷左内町 21-13
電話 ……………………………… 03-3513-6150　販売促進部
　　　　　　　　　　　　　　　03-3513-6160　書籍編集部
編集 ……………………………… 田村　佳則（技術評論社）
装丁 ……………………………… 菊池　祐（ライラック）
本文デザイン …………………… リンクアップ
DTP ……………………………… BUCH⁺
製本／印刷 ……………………… 図書印刷株式会社

定価はカバーに表示してあります。

ISBN978-4-297-13372-6 C3055

Printed in Japan